W0209836

Secrets de jardinier

conseils, trucs & astuces

JEAN-PAUL IMBAULT

Secrets de jardinier

conseils, trucs & astuces

Vous saurez tout !

LE JARDINAGE EST un art qui demande patience et persévérance. Il faut faire ses propres expériences, découvrir ce qui fonctionne ou pas en fonction de son terrain, de l'exposition de sa terrasse, des variétés plantées... Au fil du temps vous allez acquérir un certain savoir-faire et des connaissances en botanique, mais pourquoi ne pas profiter dès maintenant des conseils d'un jardinier professionnel ?

Jean-Paul Imbault vous livre ici de grands principes assortis d'astuces qui feront de vous un as du jardinage. Grâce à cet abécédaire, vous retrouvez facilement la fleur, le légume ou le fruit qui vous intéresse. Que vous soyez expérimenté ou novice, ce guide vous donne une multitude de trucs et d'astuces, d'explications et de suggestions pour votre jardin, votre terrasse, votre balcon, mais aussi pour vos plantes d'intérieur. Vous pouvez également y dénicher des recettes d'engrais ou d'insecticides naturels adaptés à vos cultures et des conseils simples et malins pour améliorer votre pratique.

Abricot

UN PEU DE PATIENCE !

Avant tout, sachez que l'abricotier est sensible et fragile et que pour fructifier il demande des soins attentifs. Soyez patients, il commence à bien produire la troisième année et notez qu'il n'aura pas une durée de vie supérieure à 20 ans.
La variété Rouge du Roussillon se récolte à la mi-juillet comme la variété Luizet.
Les variétés Polonais et Bergeron sont de maturité plus tardive, mais plus adaptées aux régions plus froides.

LE BON MOMENT POUR TAILLER

La taille de l'abricotier, du pêcher, du brugnon, de la nectarine voire de l'amandier se pratique de la même façon et très simplement : attendez que vos arbres soient fleuris. La particularité de ces fruitiers c'est qu'ils fleurissent sur du bois de l'année. Ce qui signifie que toutes les branches qui n'ont pas de fleurs sont de l'année précédente et sont donc à supprimer. En observant, vous taillerez correctement.

Ail

L'AIL MAIS CERTIFIÉ

Ne plantez pas d'ail acheté sur le marché pour la cuisine. Même s'il n'est pas impropre à la consommation, cet ail n'est pas garanti sans virus. Mieux vaut planter une semence certifiée.

Amaryllis

COMMENT FAIRE REFLEURIR L'AMARYLLIS ?

Qu'elle est belle avec ses grosses fleurs en forme de trompette. Sitôt sa floraison terminée, coupez les hampes florales à la base. Conservez le bulbe dans son pot, il va entrer en repos, déposez-le dans un garage ou un local aéré. Dès septembre, ramenez votre pot à la lumière et à la chaleur de la maison, reprenez les arrosages pour le faire redémarrer. Tous les quinze jours, vous lui apporterez de l'engrais dans l'eau d'arrosage. Quand vous verrez les fleurs apparaître, installez-le en pleine lumière. Attention, la plante est toxique, mettez des gants si vous devez y toucher.

Amis du jardin

LE RÉGAL DES OISEAUX

L'hiver lorsque vous bêchez votre jardin, retournez la terre sans l'émietter ou casser les mottes : les oiseaux y trouveront un buffet très varié de petits insectes ou de larves.

MONSIEUR LE CRAPAUD

Malgré son aspect repoussant, il est très utile au jardin. Il engloutit vers, limaces et tous mollusques sur son passage. Aussi, invitez-le à rester dans votre jardin en lui aménageant un abri fait de petits fagots et de pierres, sans oublier un bassin peu profond avec de l'eau, utile pour sa reproduction.

POUR ATTIRER LES COCCINELLES

Elles sont de redoutables ennemis des pucerons, alors pour attirer les coccinelles, plantez dans votre jardin des fèves et de la valériane. Elles viendront s'y nourrir et se reproduire. La famille va devenir nombreuse et tout ce petit monde va s'éparpiller dans le jardin, y compris au potager, pour dévorer les pucerons. Une coccinelle peut en avaler environ une centaine par jour.

LES MAL-AIMÉS

Les vers de terre sont utiles, vous le savez mais les araignées, les mille-pattes, les crapauds, les petits lézards aussi. Ils engloutissent des milliers de larves, de petits insectes qui viennent dévorer vos plantes ou vos légumes.

Anémone

DES ANÉMONES AU JARDIN

Vous avez choisi de planter des bulbes d'anémones. Pour leur donner encore plus de chance de fleurir, mettez-les à tremper dans l'eau pendant toute une nuit avant la plantation.

Arbres et arbustes

URGENT : BLESSURES !

Vous venez de balafrer l'écorce d'un arbre avec votre tondeuse… Cicatrisez rapidement sa blessure avec du sulfate de fer dilué dans de l'eau. Renouvelez l'opération quatre à cinq fois sur un mois. À noter que la vaseline pourra aussi protéger les blessures dues à votre inattention.

ÉVITEZ DE BLESSER LES TRONCS

Pour le bien-être de vos arbres, chaque pied d'arbre ou arbuste doit être propre. Pas d'herbe, pas de pelouse, cela permettra aux plantes de mieux respirer et de profiter de la pluie. Et, surtout, cela empêchera les coups maladroits de tondeuse et évitera ainsi les blessures.

UNE SOUCHE À DÉTRUIRE

Vous avez coupé un peuplier et voilà que des repousses démarrent… Faites, à l'aide d'une grosse mèche, des trous dans la souche que vous remplissez avec du gros sel, rebouchez avec du mastic à greffer ou du goudron de Norvège, à défaut avec de l'argile bien collante, et laissez faire le temps.

PROTECTION DES COUPES

Si vous n'avez pas sous la main de baume pour cicatriser une coupe, utilisez de la colle universelle blanche pour protéger le végétal des insectes et de l'humidité.

DES NUAGES AU JARDIN

Si votre conifère préféré est devenu trop grand ou commence à se dégarnir, amusez-vous à lui redonner une forme de nuage. Dénudez le tronc et les branches maitresses en ne conservant le feuillage qu'aux extrémités. À partir de là, taillez-le en boule ou en plateau. Vous allez ainsi créer une structure originale au bout de deux ou trois ans.

QUAND TAILLER LES ARBUSTES ?

Taillez les arbustes à floraison printanière comme le forsythia, le groseillier à fleurs, la corète du Japon, les spirées à fleurs blanches après la défloraison. Attention pour les deutzias, les seringas, les weigelias, ne supprimez que les branches qui ont fleuri, ces arbustes fleurissent sur du bois de deux ans. Pour les arbustes à floraison estivale comme l'arbre à papillon, le tamaris d'été, l'altéa, taillez en fin d'hiver.

Arbres fruitiers

POUR UN JARDIN GOURMAND

C'est la gourmandise liée à l'esthétisme. Si vous n'avez pas la place pour un verger, vous pouvez vous composer un petit jardin fruitier. Quel bonheur ! Les arbres fruitiers vous offriront une belle floraison printanière, des fruits gourmands en été ou à l'automne et, pour certains, une belle décoration hivernale. Je pense au kaki, avec ses jolis fruits ressemblant à de grosses oranges qui ont des airs de boules de Noël accrochées naturellement dans l'arbre. Certaines variétés méritent d'être isolées, comme le pommier et le cerisier. Pour d'autres, le mariage est possible avec des arbustes ou des légumes. Évitez les interdits, la trop grande rigidité, amusez-vous avec les couleurs et les formes. Pourquoi ne pas border une allée avec des pommiers en cordons ? Si la superficie de votre terrain est limitée, plantez des arbres en fuseau leur forme basse vous permettra de faire la cueillette sans escabeau. Pour aménager votre verger, n'hésitez pas à prendre un papier et un crayon en indiquant la nature des arbres, la surface nécessaire à leur développement et en respectant bien les distances de plantation.

DES ARBRES FRUITIERS, UNE ALLURE ET DES SILHOUETTES POUR VOTRE JARDIN

En règle générale, les arbres fruitiers sont vendus préformés, c'est-à-dire déjà taillés, de sorte à dégager une silhouette. Cependant, il sera indispensable de poursuivre leur formation pendant plusieurs années, trois à cinq ans peuvent-être nécessaires. Souvenez-vous, la première qualité d'un jardinier est la patience ! Il faudra que la charpente soit claire, équilibrée et régulière. Ce sera la base, si voulez avoir le plaisir de déguster vos fruits directement du producteur au consommateur... Pour les grandes surfaces, réservez les arbres formés en tiges (1,80 m de haut, entre le collet et la houppe) ou en demi-tige (1,60 m de hauteur). Un arbre tige devra avoir un intervalle de 7 m avec le suivant. Retenez bien le calibre du tronc dit 10/12, il s'agit de la circonférence du tronc prise à 1 m du sol alors, comparable au diamètre d'un manche de bêche. C'est la taille idéale pour une bonne reprise et un début de fructification dans les trois à quatre années qui suivront. Pour les petits jardins, voire les balcons, préférez des arbres dits en fuseau ou en quenouille. Ils ont un petit tronc sur lequel partent des branches. Je vous recommande des fuseaux dits « de trois ans » qui vous assureront une première récolte au bout de la troisième année. Pour un fuseau de deux ans, vous devrez attendre un an de plus pour la dégustation. Un fuseau devra être distant de son voisin de 5 m. Les palmettes seront plantées à deux mètres, de pied à pied. Les cordons : il s'agit de petites formes, destinées aussi aux petits jardins et à être palissées sur un fil de fer. Il existe des cordons à un bras ou à deux bras. La distance de plantation entre deux pieds doit être de 2,50 m. Seules les variétés de pommiers sont ainsi formées, vous ne trouverez pas d'autres espèces d'arbres fruitiers en cordons car leur végétation est trop puissante et donc non maîtrisable. Les arbres fruitiers dit en palmette : c'est-à-dire un U dans un autre U ou bien des verriers, soit un V dans un autre V, destinés à être plantés le long d'un mur. Ils devront être palissés sur trois fils de fer horizontaux afin de soutenir parfaitement l'architecture de l'arbre. Notez bien que les liens de maintien doivent être très souples pour ne pas blesser l'arbre. En aucun cas vous ne devez utiliser de fil de fer pas plus que du fil électrique recouvert de plastique. Il existe dans le commerce du fil plastifié, très souple qui ne blessera pas les branches. Car une blessure, c'est la porte ouverte aux champignons et aux maladies. Et puis, il reste la base de l'arbre fruitier : le scion, il s'agit d'une jeune branche greffée et dont le travail de formation est encore à faire. Alors, avec de la patience, cinq à six ans voire sept ans, pour certaines espèces, vous seront nécessaires pour connaitre le goût de vos fruits.

UN RENDEMENT QUI SE MÉRITE

Les espèces qui donneront des fruits le plus rapidement sont : les pêchers, les abricotiers et les brugnons. Si tout va bien, vous pourrez croquer vos premiers fruits au bout de trois ans. Bien évidemment, pour obtenir une fidélité exacte des variétés, celles-ci ne peuvent être que greffées. Inutile de semer des pépins de pommes ou de poires, pas plus que des noyaux de cerise ou de prune. Vous pouvez éven-

Le scion : il est destiné à être formé.

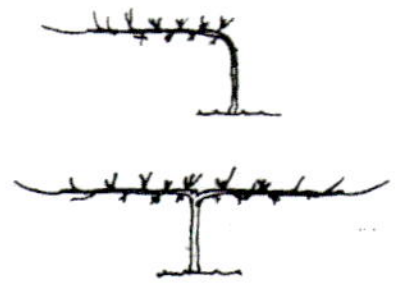

Les cordons horizontaux : composé de 1 ou 2 bras, ils peuvent délimiter une allée de potager. Ils sont palissés sur un fil de fer. Seules les variétés de pommiers sont formées ainsi.

La quenouille : forme idéale pour les petits jardins.

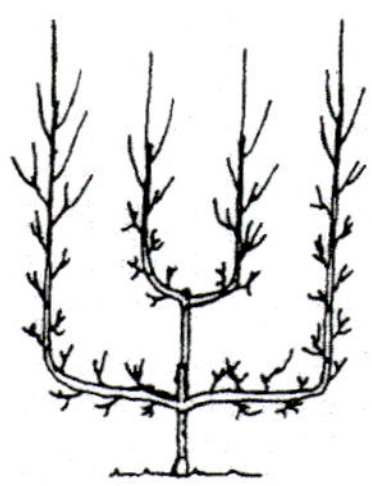

La palmette : elle convient dans un petit jardin. Elle peut être palissée sur un mur ou conduite sur une rangée de fil de fer.

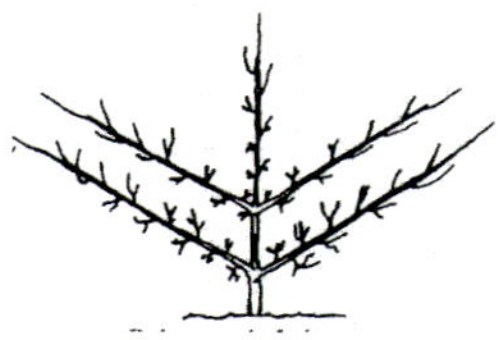

Le verrier : mêmes caractéristiques que la palmette.

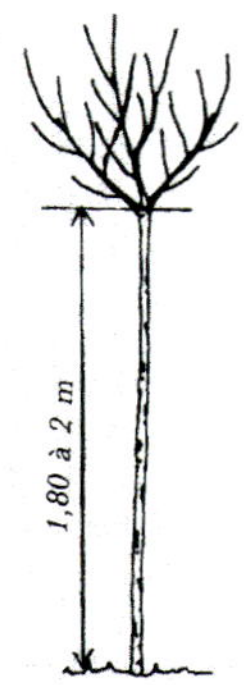

La demi-tige : Cette forme convient pour les jardins de dimensions moyennes.

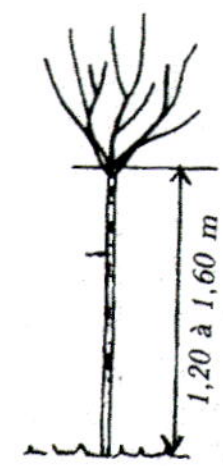

L'arbre à tige dit « plein vent » : Il lui faut un grand espace. Sa hauteur permet de passer plus facilement la tondeuse, mais une échelle est à prévoir pour la cueillette.

tuellement essayer avec un noyau de pêche. Mais dans ce dernier cas, vous retrouverez alors le type, c'est-à-dire la pêche de vigne qui a un goût assez agréable, mais un fruit de toute petite taille.

LA POLLINISATION

Ne négligez pas les problèmes de pollinisation. Certains arbres sont auto-fertiles comme les abricotiers ou les pêchers, alors que d'autres ont besoin du pollen du voisin pour fructifier comme, les pommiers, les poiriers, les bigarreaux.

LA NATURE DU SOL

Enfin, vérifiez bien la nature du sol. Une terre humide ne sera pas favorable aux poiriers, alors que les pruniers la supportent mieux. La pomme préférera une terre bien fertile et filtrante comme le cerisier, alors qu'une terre légère et drainante et se réchauffant bien au printemps conviendra mieux aux arbres à noyaux.

LE PRINCIPE DE PLANTATION

Tiges ou demi-tiges : L'époque de plantation est du 1er novembre au 1er avril. Pour les arbres à racines nues, faites un trou de 60 X 60 X 60 cm, ameublissez le fond et mettez du terreau. Avant la plantation placez un tuteur de 2,5 m, c'est indispensable pour que votre arbre s'accroche bien et ne soit pas bousculé par le vent. N'oubliez pas de rafraîchir les racines, c'est-à-dire de couper leurs extrémités et les racines cassées. Posez votre arbre dans le trou, et faites en sorte que le tronc soit bien le long du tuteur ; attachez le tronc avec des liens en vous assurant de ne pas blesser l'écorce. Recouvrez les racines avec du terreau, jusqu'au niveau du collet, comme il était chez le pépiniériste, en ajoutant cinq à six poignées de corne et en complétant avec la terre retirée du trou. Tassez, faites une cuvette, et apportez deux arrosoirs d'eau. Pour les arbres en motte, défaites l'enveloppe qui retient la terre, ne l'effritez surtout pas. Procédez comme pour l'arbre à racines nues, mais cette fois-ci mettez le tuteur en biais pour

ne pas éclater la motte. Pour les autres formes, faites un trou de 40 x 40 x 40 cm et apportez du bon terreau au fond du trou. Si votre arbre est livré à racines nues, rafraîchissez les racines, posez votre arbre fruitier au fond du trou en prenant bien soin de l'enterrer au même niveau qu'il l'était chez le pépiniériste. Rebouchez le trou de la même façon que pour les arbres à tiges ou demi-tiges en arrosant simplement avec un arrosoir d'eau et sans mettre de tuteur. Pour une plante livrée en conteneur, le principe est le même mais faites préalablement tremper l'arbuste dans un seau d'eau afin de bien imbiber la motte. Ne plantez pas d'arbres fruitiers près d'une haie. En effet que ce soient thuyas, cyprès, lauriers, leurs racines peuvent s'étendre à 10 m. Leur caractère persistant les oblige à chercher de la nourriture et de l'eau pratiquement toute l'année, le rapport de force entre votre jeune arbre fruitier et la haie serait inégale donc plantez le au moins à 10 m de votre haie.

QUAND TAILLER ?

Bien évidemment les arbres fruitiers demanderont à être taillés ; si vous n'êtes pas vraiment un spécialiste du sécateur, adressez-vous à un professionnel. La meilleure période est la fin de l'hiver lorsque les bourgeons sont encore endormis. Lors de la plantation des tiges et fuseaux supprimez la moitié de la hauteur de toutes les branches. Les années suivantes, maintenez l'ouverture des cimes en supprimant toutes les branches qui se croisent ou se frottent l'une contre l'autre, supprimez aussi toutes les brindilles, c'est-à-dire les branches fines. Vous conserverez à l'arbre une architecture équilibrée. Pour les arbres en palmettes ou en verriers, leur architecture étant déjà bien avancée, il suffira simplement de tailler pour conserver la forme : il faudra supprimer ou réduire toutes les branches qui seraient trop élancées. Pour plus de détail reportez-vous p. 135.

DES ÉLÉMENTS DE DÉCORATION

Comme je vous l'ai dit, les arbres fruitiers ne doivent pas toujours être réduits à leur fonction nutritive. Ils doivent faire partie du décor général. Au printemps, vous êtes émerveillé par la profusion de fleurs de pommiers, de poiriers, de cerisiers ou pêchers, qui abondent dans le jardin, mais pensez également aux petits fruits. Ce sera la treille de chasselas au-dessus de la porte du cellier ou bien, le kiwi *(Actinidia)* qui fournira, en même temps que ses fruits , l'ombre à votre pergola, ou encore, les mûres géantes qui s'agripperont à votre clôture ou bien encore, les touffes de groseilliers ou de cassissiers que les enfants iront grappiller... Vous pouvez également associer votre verger à votre potager. N'hésitez pas à utiliser des variétés anciennes comme les néfliers ou le cormier dont vous récolterez les fruits après les premières gelées. Faites comme au XVIIIe siècle : avec des formes basses, réalisez une haie fruitière rectiligne dans votre potager. Laissez libre cours à votre imagination tout en respectant bien les intervalles de plantation. Attention cependant à l'ombre portée par les arbres fruitiers qui sera toujours néfaste au bon développement des légumes.

FRUITIERS : ENTRETIEN ET RÉCOLTE

FRUITS	VARIÉTÉS	TAILLE	ÉCLAIRCISSAGE	MATURITÉ/RÉCOLTE
POMMES	Golden	Janvier-Février *Voir p. 135*	Juin	Octobre à février
	Reine des Reinettes			Septembre à février
	Reinette Grise du Canada			Septembre à février
POIRES	Conférence	Janvier-Février *Voir p. 135*	Juin	Novembre
	Doyenné du Comice			Octobre
	William			Août
	Beurrée Hardy			Janvier
CERISES	Cœur de pigeon	Après la récolte *Voir p. 17*	-	Juillet
	Burlat			Juin
	Moreau			Juillet
	Napoléon			Juin à juillet
PRUNES	Reine Claude dorée	Janvier-Février *Voir p. 107*	juin	Août
	Quetsche			Septembre
	Mirabelle de Nancy			Août
	Agen			Août - Septembre
PÊCHES	Pêches de vigne	Lors de la floraison, tailler les rameaux non fleuris *Voir p. 135*	-	Septembre
	Grosse Mignonne, chaire blanche			Septembre
	Amsden			Juillet
ABRICOTS	Bergeron	Lors de la floraison, tailler les rameaux non fleuris *Voir p. 107*	-	Juillet - Août
	Royal			Juillet
FIGUES	Goutte d'or	Février-Mars	Juin	Septembre - Octobre
	Rouge de Bordeaux			
COINGS	Champion	Janvier-Février	Juin	Novembre
	Géant de Vranja			Octobre - Novembre
NOIX	Franquette	-	-	Octobre
	Parisienne			Octobre - Novembre
NOISETTES	Fertile de Coutard	Janvier-Février et recépage tous les trois ans	-	Septembre
	Coxford			
	Merveille de Bollewiller			
VIGNE	Chasselas doré	Janvier-Février *Voir p. 115*	-	Septembre - Octobre
	Muscat de Hambourg			Octobre
FRAMBOISIERS	Malling promise	Mars *Voir p. 47*	-	Juin - Juillet
	Lloyd george			Août à octobre
GROSEILLIERS	Versaillaise blanche	Février	-	Juillet - Août
	Versaillaise rouge			
GROSEILLIERS À MAQUEREAU	Winham's Industry	Février	-	Juillet - Août
CASSIS	Wellington	Février *Voir p. 26*	-	Juillet - Août
	Géant de boskoop			
MYRTILLES	Jersey	Janvier-Février	-	Juin - Juillet
AUTRES	Marron de Lyon		Octobre	-
	Nashi kumoi	Janvier-Février		
	Kaki Muscat	Janvier-Février	Juin	Décembre - Janvier

Aromatiques

AROMATIQUES SUR VOTRE BALCON

Les plantes condimentaires se cultivent très bien sur un balcon, de plus il n'y aura pas de crise de jalousie entre elles. Associez les plantes qui ont besoin de très peu d'eau comme le thym, la sauge, la lavande ; puis, dans une autre jardinière, celles qui auront besoin d'un arrosage un peu plus fréquent comme la ciboulette, l'estragon, le basilic. Elles présentent toutes l'avantage de chasser les bestioles indésirables grâce à leur odeur.

DES PARFUMS PRONONCÉS

Même si le thym, la ciboulette, l'estragon, le romarin, la lavande ou la rhubarbe sont vendus en graines, préférez des plants issus de boutures ou d'éclats. Les parfums sont bien plus prononcés et leur allure est bien plus belle.

POURQUOI SONT-ELLES AUSSI SOBRES ?

Hysope, thym, marjolaine, mélisse, menthe sont, pour la plupart, originaires de la garrigue. Elles ont donc appris à être sobres, tout naturellement.

Artichaut

ENCORE MEILLEURS LES ARTICHAUTS

Lorsqu'ils sont formés et environ trois semaines avant lEUR maturité complète, emballez leur tête dans du papier Kraft, leur tendreté sera incomparable.

UN VRAI CŒUR D'ARTICHAUT

Pour faire grossir la tête de l'artichaut lorsqu'elle est déjà bien formée, incisez le pédoncule avec un couteau, glissez dans la fente une allumette, cela va ralentir la sève et vous allez obtenir une plus grosse tête d'artichaut, prête à déguster.

ARTICHAUT AU CŒUR TENDRE

Rien de plus agréable qu'un cœur d'artichaut très doux et tendre. Pour éviter qu'il soit fibreux, l'opération est simple : plutôt que de couper sa queue, cassez-la d'un coup sec. Avant la cuisson, pensez à tremper votre artichaut 10 minutes avec quelques gouttes de vinaigre. Cela vous évitera de retrouver des intrus au moment de la dégustation.

Asperge

LA MOUCHE DE L'ASPERGE

Le pire ennemi de l'asperge c'est la mouche, alors pour l'éviter, plantez dans vos rangs des tomates ou de la sauge.

Azalée

AMÉLIORER LA FLORAISON DES AZALÉES

Les azalées adorent le vinaigre blanc. Mélangez-en 3 cuillères à soupe dans 4 litres d'eau. Arrosez-les avec cette solution une fois par semaine. La conservation de l'acidité favorisera la floraison.

Balcons et terrasses

Quand on ne dispose pas de jardin, mais seulement de quelques mètres carré de balcon ou simplement de quelques pots sur le rebord de sa fenêtre, on peut tout de même faire pousser des fleurs aux teintes vives, des plantes aromatiques ou condimentaires. Pensez aux notes de couleurs avec des fleurs mais aussi des feuillages colorés, les plantes à fruits décoratifs et n'oubliez pas les bulbes de printemps.

SÉLECTION DES VÉGÉTAUX

La réussite d'un aménagement de balcon ou de terrasse tient pour une grande part à la sélection des végétaux. Vous n'êtes pas obligé de tous le connaître pour être sûr de réussir, mais il faut respecter quelques règles. C'est l'exposition qui, en premier lieu, va orienter votre choix de plantes. Ne mariez pas l'eau et le feu : tenez compte de leurs exigences, ne mettez pas une plante d'ombre avec une plante de soleil. Si votre balcon est à l'ombre une grande partie de la journée, alors choisissez des végétaux à feuillage coloré, comme l'aucuba, le nandina, les fusains, auxquels vous associerez des impatiences, des bégonias... Si c'est exposé au soleil, préférez, bien sûr, des végétaux qui vont fleurir à la belle saison comme le weigélia, l'arbre à papillons nain, le troène doré, auxquels vous ajouterez des pétunias, des rudbeckias, des dahlias, etc.

LE PLEIN DE SAVEURS

Et puis, pourquoi pas des plantes aromatiques ou des fines herbes ? Ces petits arbustes offrent une importante variété de formes, de couleurs de feuillage et d'odeurs... On peut les ajouter dans les jardinières des arbustes, mais aussi en faire de jolies potées ou quelques jardinières posées sur le rebord de la fenêtre. Senteurs et saveurs garanties, comme par exemple avec la plante au curry (helichrysum italicum) qui dégage un net parfum et peut parfumer l'eau de cuisson du riz... Une grosse potée de mélisse va, quant à elle, dissuader les moustiques de rentrer chez vous. N'oubliez pas les tomates cerises, les fraises des quatre saisons, ou encore les petites salades croquantes à couper. Achetez vos légumes en petits pots en jardinerie. Et pourquoi ne pas les associer avec des capucines. Facile à cultiver, en jardinière, en suspension ou sur un teillage, il en existe des variétés naines que vous pourrez semer directement dans vos jardinières et elles se dégustent toutes.

REBORD DE FENÊTRE

Vous n'avez qu'un rebord de fenêtre ? Pas de souci, réalisez un petit jardin avec des conifères, de la bruyère, des plantes aromatiques ou condimentaires. Ou, dans une jardinière, mettez simplement une ou deux plantes persistantes avec des plantes fleuries.

DES PLANTES BIEN DANS LEUR POT

N'oubliez pas que dans un pot ou une jardinière, une plante se trouve dans des conditions autres que celles de son milieu naturel. Elle a besoin de votre attention et de votre aide. En effet, le volume de terre dont dispose le végétal est limité, comme les éléments nutritifs qui lui sont nécessaire. La menace de la terre sèche en été peut obliger à arroser deux fois par jour. Le vent peut aussi poser problème sur les balcons et les terrasses. Il dessèche les plantes et risque de les renverser, un écran de cannisses peut être la solution. De temps en temps, grattez le dessus du pot avec une griffe à main, l'aération est ainsi meilleure et l'eau pénètre mieux. Si vous le pouvez, mélangez deux terreaux de marques différentes afin d'obtenir un substrat mieux équilibré et apportez du sable grossier pour un bon drainage. Lorsque vous allez arroser, il y aura de l'eau probablement dans la soucoupe, videz-la. Je suis à peu près certain maintenant que vos terrasses, balcons ou rebords de fenêtre vont avoir belle allure !

Bambou

ÉVITEZ QUE LES BAMBOUS NE SE FASSENT LA BELLE

Ne les laissez jamais faire ce qu'ils veulent, vous serez très vite débordé. Lors de la plantation, installez une barrière antirhizome dans le périmètre que vous voulez leur réserver. Ou enterrez-les dans un fût en plastique dont vous aurez retiré le fond afin qu'il n'y ait pas d'effet réservoir. Ce sont les seuls moyens pour les contenir.

Banane

CONSERVATION DES BANANES

Enveloppez-les dans du papier journal.

Basilic

LE BON GOÛT DU BASILIC

Vous voulez récolter de belles feuilles de basilic bien parfumées ? Supprimez les fleurs dès leur apparition. Vous ferez d'ailleurs la même chose pour l'oseille et le persil.

Un peu de botanique

Dans un premier temps, les plantes ont été regroupées par famille : rosacées, composées, papilionacées, graminées... chaque famille a ensuite été divisée en un certain nombre de genres : amandiers, pruniers, ronces, aubépines, sorbiers, roses, potentilles, spirées, cognassiers... chacun de ces genres regroupe un certain nombre d'espèces que l'on nomme en ajoutant un qualificatif. Le tableau ci-dessous donne la traduction française d'une série d'appellations latines fréquemment utilisées.

APPELLATION LATINE	SIGNIFICATION EN FRANÇAIS	APPELLATION LATINE	SIGNIFICATION EN FRANÇAIS
ACAULIS	sans tige	*Bulbosa*	bulbeux
ACULEATUS	piquant	*Caeruleus*	bleu azur
AESTIVALIS	estival	*Candidus*	blanc pur
AGRESTIS	champêtre	*Cardinalis*	rouge cardinal
ALBUS	blanc	*Caulescens*	à tige visible
ALPINUS	alpin	*Ciliaris*	cilié
AMABILIS	agréable	*Coccineus*	rouge cochenille
ANNUUS	annuel	*Cordifolius*	à feuille en cœur
APHYLLUS	sans feuille	*Crispus*	crépu
ARENARIUS	des sables	*Cyaneus*	bleu foncé
ARVENSIS	des champs	*Deltoideus*	triangulaire
ASPER	rude	*Discolor*	panaché
BARBATUS	barbu	*Edulis*	comestible
BIENNIS	bisannuel	*Flavus*	jaune clair
FLORIBUNDUS	fleurissant beaucoup	*Nudus*	sans poils
FULVUS	fauve	*Nutans*	penché
GALLICUS	de France	*Officinalis*	medical
GIGANTEUS	très grand	*Parviflorus*	à petite fleur
GLABER	sans poils	*Perennis*	vivace
GLAUCUS	vert bleuâtre	*Pilosus*	velu
HIEMALIS	d'hiver	*Pratensis*	des prés
HORTENSIS	des jardins	*Pubescens*	poilu
INERMIS	sans épines	*Pulcher*	gracieux
LANATUS	laineux	*Racemosus*	en grappe
LUCIDUS	brillant	*Sativus*	cultivé
LUTEUS	jaune	*Segetum*	des moissons
MEDIUS	moyen	*Silvaticus*	des forêts
MINUS	petit	*Sinensis*	de Chine
MIRABILIS	admirable	*Spectabilis*	remarquable
MOLLIS	mou	*Squamosus*	écailleux
MURALIS	sur les murs	*Stellaris*	étoilé
NANUS	nain	*Suavis*	odorant
NERVOSUS	à nervures	*Sylvestris*	des forêts
NIGER	noir	*Tuberosus*	tubereux
NOBILIS	noble	*Vernalis*	printanier

Bouturage

La tentation est grande pour le jardinier de multiplier une plante mais il est important de respecter des règles si vous voulez voir la réussite à la clé, même si le bouturage est un mode de multiplication assez simple.

LE CALENDRIER DES BOUTURES

Les plantes herbacées comme les plantes vivaces se bouturent de février à mai, puis en septembre après les chaleurs.Les conifères et les arbustes persistants entre les mois d'août et octobre. Les arbres et les arbustes caducs en hiver entre novembre et mars.

COMMENT S'Y PRENDRE ?

Prenons l'exemple d'une bouture de rosier. La meilleure époque est fin août - début septembre. Le bois est alors « aoûté », c'est-à-dire que celui-ci est ni trop dur ni trop tendre. Coupez un rameau de l'année d'environ 20 cm, enlevez les feuilles qui vont épuiser la bouture. Coupez au-dessus d'un nœud et au-dessous soit au niveau d'un départ de feuilles.
Préparez, dans un pot de 20 cm de diamètre, un mélange composé moitié de terreau, moitié de sable grossier et repiquez cinq boutures aux trois quarts. Arrosez.
La meilleure façon de faire enraciner vos boutures, c'est « l'étouffée », c'est-à-dire en retournant sur le pot un bocal de même diamètre. L'humidité va se gérer toute seule. Au printemps suivant, vous pourrez planter vos boutures dans le jardin.

Buis

LA PYRALE DU BUIS

Le traitement le plus efficace pour lutter contre ce lépidoptère est le produit à base de *bacillus thuringiensis kurstaki*, bactérie que la chenille ingère et qui s'attaque à son système digestif : elle meurt quelques jours après. Il faut pulvériser sur l'ensemble du buis tous les mois de mars à octobre.

Bulbe

LA DÉSINFECTION DES BULBES S'IMPOSE

Pour la bonne conservation de vos bulbes, après la floraison et après l'arrachage, laissez-les sécher sur le terrain au soleil pendant deux jours. Coupez les fanes et trempez les bulbes pendant 20 minutes dans de l'eau à 45 °C. Laissez sécher et rangez. Pour mieux les protéger, conservez vos bulbes dans de vieux bas que vous suspendrez dans le garage à l'abri de la lumière. Cela empêchera les petits rongeurs de venir les déguster.

DANS QUEL SENS ?

Vous voulez planter des bulbes mais vous ne savez pas de quel côté vont sortir les pousses. Mettez vos bulbes à tremper dans l'eau tiède pendant une demi-journée, ils vont gonfler et vous allez apercevoir les petites racines qui vont donc vous indiquer qu'il faudra qu'elles reposent sur le sol.

POUR ÉVITER DE VOIR VOS BULBES DÉVORÉS

Un bataillon de dévoreurs de toutes sortes vous ont aperçu en train de planter vos bulbes. Soyez prévoyant pour éviter le désastre. À la plantation, saupoudrez vos bulbes, avec une bonne rasade de piment. C'est sûr, vos intrus ne vont pas revenir de sitôt.

LES BULBES ET LES RONGEURS

Mélangez 3 cuillères à café de piment, 1/2 cuillère à café de liquide vaisselle dans 2 verres d'eau et vaporisez la terre autour des bulbes ; c'est sûr, les petits rongeurs vont rapidement déguerpir.

LES BAS RÉSILLE

Mettez vos bulbes dedans à la plantation, les mailles sont plus grandes pour qu'ils puissent se développer mais surtout ces articles de lingerie vont décourager les rongeurs et ils n'essaieront pas les arracher en prenant le risque d'y laisser leurs dents.

Cactus

DÉPOUSSIÉRER LES CACTUS

La solution est simple, un coup de sèche-cheveux et l'affaire est réglée. Mais attention à la température, veillez à ce que ce soit le moins chaud possible.

Capucine

VIVE LES CAPUCINES !

Plantez des capucines dans le jardin et le potager, elles attirent les pucerons. Les fleurs se consomment, elles ont un goût légèrement piquant.

ON A TOUJOURS BESOIN DE CAPUCINES AU JARDIN

Elles sont formidables ces capucines pour éloigner les mouches blanches qui veulent s'en prendre à vos choux, carottes, pommes de terre, tomates, haricots…

Carotte

UN COUPLE IDÉAL

Plantez des carottes à côté des poireaux, l'odeur de la feuille de carotte est repoussante pour la teigne du poireau et les effluves de ce dernier terrorisent la mouche de la carotte.

VOS CAROTTES SONT FOURCHUES

Vous avez une terre trop forte, trop argileuse, le pivot de la carotte n'arrive pas à s'enfoncer dans le sol d'où l'apparition de racines fourchues. On sèmera alors en terre légère.

Cassis

COMME LE GROSEILLIER !

Le cassissier nous offre de belles grappes de perles noires, rouges ou blanches juteuses, pleines de saveurs. Pas compliqué, il s'installe très facilement au jardin. À la plantation, apportez-lui de la corne broyée et rabattez ses branches à 20 cm du sol.

Prévoyez de l'installer dans un endroit bien ensoleillé en le plantant à au moins de 1,20 m des autres plants pour qu'ils puissent tous profiter pleinement de la lumière et du soleil qu'ils adorent.

COMMENT TAILLER ?

Il suffira de supprimer pendant l'hiver toutes les branches qui ont fructifié. Elles sont généralement de couleur marron très foncé alors que celles qui vont produire sont marron clair avec un bois lisse. Si vous avez dans votre jardin d'énormes touffes de cassissiers ou de groseilliers qui n'ont jamais été taillées ou très peu, je vous conseille plutôt de les rabattre et de repartir à zéro.

Chou

CHENILLES ET VERS VONT SOUFFRIR

Une invasion est annoncée, ça bouge de partout sur vos choux de Bruxelles, vos brocolis et même vos choux-fleurs.Alors pas de détail, saupoudrez de la farine sur vos choux que vous aviez tellement choyés. Vos envahisseurs vont croquer avec férocité cette farine et succomber…

CONTRE LA TEIGNE DU CHOU

Lorsque vous taillez vos tomates, faites macérer les feuilles et les tiges que vous aurez hachées de la manière suivante : 100 grammes de feuilles dans 1 litre d'eau pendant 2 jours.
Filtrez et pulvérisez. Cette potion sera efficace contre les piérides du chou.

CONFLIT DE VOISINAGE

Ne plantez jamais de choux près des fraisiers. Ils ne se supportent pas et l'un d'eux en fera les frais.

ET VOILÀ LES AOÛTATS

Plantez quelques pieds de mélisse, menthe ou verveine citronnelle sur leur passage, l'odeur va les inciter à faire demi-tour.

Ciboulette

LE BON GOÛT DE LA CIBOULETTE

Coupez souvent cette herbe même si vous ne la consommez pas, afin de favoriser de nouvelles tiges qui vont être tendres et surtout très goûteuses et parfumées. N'oubliez pas, après chaque coupe, d'arroser généreusement. Coupez également les fleurs : le goût et le parfum n'en seront que meilleurs.

Citron

TAILLE DES CITRONNIERS

Au printemps, lorsque vous sortirez vos citronniers et orangers après le froid, supprimez les rameaux chétifs ne portant pas de fleurs, ôtez aussi les gourmands qui partent de la base et effectuez une taille de régularisation qui va contribuer à donner une forme homogène à vos plantes. Souvenez-vous aussi que ces plantes ne sont pas des plantes d'appartement, seul le kumquat est un agrume d'intérieur.

CONSERVATION DES CITRONS

Pour les conserver plus longtemps, mettez vos citrons dans un saladier rempli d'eau salée.

UN ARBRE DU SUD

Son lieu de culture de prédilection est bien entendu le littoral méditerranéen. Sa touche ensoleillée et le parfum de ses fleurs restent toujours magiques. Sa température idéale, pour bien vivre, ne doit pas se situer en dessous de 12 °C. À cette température et au-dessus, vous aurez toujours des fleurs. Les fruits mûrissent entre octobre et août de l'année suivante. La fructification est échelonnée en fonction des variétés et la maturité pour une même variété peut varier d'une année sur à l'autre. Les plantations en plaine, dans les régions favorables, doivent être accompagnées d'une bonne fumure, telle que : terreau compost, fumier décomposé entre 10 et 20 kg par arbre.

LE BON MOMENT

La coloration de la peau n'est pas un facteur déterminant de maturité : en effet les citrons verts peuvent avoir de bonnes qualités gustatives alors qu'un citron avec une peau dorée va être fade. On ne détache pas un citron à la main, on le coupe au sécateur en laissant deux feuilles et toujours par temps sec afin que l'essence reste bien en réserve dans le citron.

DANS UN POT

Le citronnier supporte la culture en pot, mais ce n'est pas pour autant une plante d'appartement. Enfermé, son dépérissement et sa mort sont quasi assurés. Lorsque son pot sera trop petit, reprenez un bac de dimension légèrement supérieur. Réduisez un peu la motte pour ôter le vieux terreau et une partie des ra-

C

cines. Le vieux substrat supprimé, déposez au fond du pot un lit de graviers en guise de drainage puis rapportez un bon terreau spécial agrume. Si vous n'avez pas de terreau spécial agrumes, utilisez pour moitié du terreau de feuilles ainsi que 2 ou 3 poignées d'engrais organique telle que de la corne broyée. Vous ferez tout ceci au printemps.

Coing

À NE PAS ÉPLUCHER : LE COING !

Non, non surtout pas on n'épluche pas un coing. D'abord c'est pratiquement impossible ! Frottez énergiquement un torchon « ancien » qui gratte bien pour ôter le duvet blanc. C'est dans la peau que se trouve une grande partie de la pectine, la substance qui fera prendre la confiture et qui conservera encore plus son goût. Eh oui, c'est bien de la confiture que vous allez faire, gourmand comme vous l'êtes !

UN DÉSODORISANT NATUREL

Vous avez récolté vos coings ou vous vous en êtes fait offrir. Déposez dans une assiette deux ou trois de ces fruits au salon ou dans la salle à manger, une odeur magique et naturelle embaumera la maison Rien à voir avec ces affreuses bombes aérosol, bourrées de poison…

UNE ODEUR PARFUMÉE

Ses gros fruits à flancs joufflus et côtelés sont recouverts d'une pellicule cotonneuse protégeant une chair ivoire à la saveur âpre et peu sucrée. Son fruit est utilisé pour la confiture ou la gelée. L'odeur puissante et agréable des fruits déposés dans une corbeille à la maison remplace aisément et naturellement tous les aérosols désodorisants.

SOLEIL ET SIMPLICITÉ

Cousin du poirier, le cognassier aime les situations lumineuses, ensoleillées, les terres riches et bien drainées. Ne lui parler surtout pas de terre calcaire, il ne supporte pas, pas plus que les étés pluvieux. Il est facile d'entretien, en effet, une taille tous les trois/quatre ans lui suffira. Cela consistera à réduire le haut de l'arbre et supprimer des branches, à l'intérieur de la houppe, afin de laisser traverser la lumière, en éliminant les rameaux âgés et les branches mortes.

VARIÉTÉS POUR SE RÉGALER

Cognassier du Portugal : ses fruits sont véritablement bosselés, leur chair est délicate et parfumée, ils arrivent à maturité en septembre. Monstrueux de Vranja : c'est le plus répandu. Le fruit est énorme puisqu'il peut atteindre 1,5 kg. Sa maturité est mi-octobre. Champion : variété très productive, ses fruits arrivent à maturité fin octobre, début novembre et pèsent entre 500 et 600gr.

CONSERVATION

En règle générale, la durée de conservation des coings est faible. Conservez-les seuls, car leurs très fortes effluves risquent d'accélérer le mûrissement des autres fruits. Vous devrez don prévoir une pièce spéciale pour les stocker et surtout les utiliser rapidement tant leur durée de conservation est courte.

Compost

Pas besoin d'être scientifique, botaniste, chimiste ou agronome pour réaliser cet « or brun », délice des plantes. Il faut simplement du bon sens, un peu de technique et une dose de patience (qualité indispensable au jardinier). D'abord il faut rappeler ce qu'est le compostage. Il s'agit tout d'une technique technique inspirée de ce qui se passe naturellement à la surface du sol avec l'accumulation de débris végétaux et animaux. Le compostage est un processus tout aussi naturel que ce qui se déroule dans la forêt, à la seule différence qu'il est organisé et contrôlé pour qu'il s'effectue plus rapidement. Après cette petite explication, vous avez décidé de vous lancer et vous vous dites que l'idéal serait de le cacher au bout du jardin. Ce n'est peut-être pas la meilleure idée, sauf si c'est un endroit ombragé ou semi-ombragé grâce à des arbres, des buissons, ou des bâtiments. Votre compost se trouvera alors à l'abri du vent et ne souffrira pas de dessèchement. N'installez pas votre compost sous des conifères car les substances résineuses retardent la bonne fermentation. Vous pouvez fabriquer votre composteur avec des palettes, mais dans le commerce, on trouve des bacs d'environ 1 m^3 en bois ou en treillis.

QUELS SONT LES OUTILS NÉCESSAIRES ?

- Une fourche à quatre dents.
- Un arrosoir ou un tuyau d'arrosage.
- Dans un grand jardin, une brouette afin de transporter vos déchets au composteur ou, à l'inverse, votre compost au jardin.
- Prévoir une bâche micro perforée, perméable à l'air pour couvrir le compost afin de le protéger de la sécheresse ou des fortes pluies.
- Sinon prévoir une bonne couche de paille ou des feuilles séchées. La fougère par exemple fera très bien l'affaire...

COMMENT ÇA MARCHE ?

Pour commencer et pour assurer une bonne circulation de l'air, remplissez avec des matériaux grossiers, des morceaux de branches coupées, de la paille ou du carton déchiqueté. Progressivement, vous ajou-

terez des déchets ménagers que vous mélangerez à des feuilles mortes, du broyat de branches, de la paille. Dans le commerce avec le composteur, il vous sera fourni une tige aératrice, activez-la une fois par semaine. Pour alimenter votre composteur, toutes les matières organiques sont utilisables : les épluchures de légumes et de fruits, les feuilles de chêne, de bouleau, de charme, les coquilles d'œuf, les déchets de poisson, le marc de café, les fanes de pomme de terre sont recommandés. Vous pouvez également y mettre vos tontes de gazon, mais ne les déposez jamais seules, mélangez-les à de la paille ou des feuilles. La coupe très humide se compacte et dégage une odeur nauséabonde. Le mieux est de faire un tas et de le remuer souvent en ajoutant de la paille, du papier, du carton en morceaux ou des feuilles mortes. Par contre évitez les plantes ou les feuilles malades, les feuilles à grosses nervures, le pain, les pâtisseries, les agrumes. En effet, ces derniers dégagent des essences qui peuvent détruire tous les petits animaux et insectes qui favorisent la décomposition. Vous pouvez mettre des mauvaises herbes si elles sont montées à graines ou toutes jaunes. Attention ! Liseron, chardon, chiendent sont impérativement à bannir. Il est important de mélanger matières humides et sèches. Les matières sèches contiennent du carbone et les matières humides de l'azote. Les matières carbonées vont apporter l'air et les matières azotées, l'eau, cependant, il sera nécessaire d'humidifier en pluie avec l'arrosoir. Remuez avec votre fourche, l'air et l'eau entreront mieux dans votre compost. L'équilibre entre les deux

est crucial, mais ne vous prenez surtout pas la tête à faire des calculs savants, la nature saura le faire à votre place. Si vous voyez des filaments blancs dans votre compost, c'est normal, il s'agit de mycélium des champignons qui servent à la décomposition. Mais si vous avez des zones bien blanches, c'est signe que votre compost est trop sec. Ajoutez des matières humides, des feuilles, de la paille mouillée, du gazon. Vous pouvez aussi arroser avec de l'eau de pluie que vous pourrez améliorer avec du purin d'ortie. De même, les rongeurs s'installent dans des composts mal constitués : trop sec ou trop pailleux ou qu'il y a des zones trop chaudes. Retournez votre compost en le mélangeant bien. Mais peut-être avez-vous mis des déchets comme des aliments cuits, du fromage qui attirent les rongeurs, dans ce cas placez un treillis très fin au sol sous le compost afin de ne plus attirer ces gourmands. Abeilles, guêpes, fourmis font le pied de grue autour de votre compost. Ces lanceurs d'alerte vous indiquent soit que votre compost est acide, alors ajoutez de la chaux, soit qu'il est sec, dans ce cas arrosez-le. Afin que la décomposition commence au plus vite, introduisez des vers à fumier. Le temps de décomposition varie selon les conditions climatiques et la façon dont vous l'avez alimenté, mais il faut au minimum trois ou quatre mois pour obtenir du compost. Pour savoir si celui-ci est prêt à être utilisé, il y a un truc très simple : vérifiez s'il y a toujours des vers rouges. S'ils ne sont plus là, c'est que le travail est terminé. Mission accomplie : ils sont partis sur un autre chantier ! Si votre compost sent mauvais, c'est qu'il manque d'air ou est trop humide. Prenez une fourche et aérez-le... Il peut y avoir un excès de matières azotées, dû à un apport de déchets de cuisine trop important. Apportez-lui des matériaux secs comme le carton, le papier ou la paille riche en carbone. Contre les mauvaises odeurs, pensez donc à ceinturer votre bac avec des rosiers rugueux, ils sont rustiques et ils dégagent un parfum à vous surprendre et il vous plaira, alors, de revenir avec bonheur batifoler près de votre compost. Vous pouvez employer votre compost au jardin en l'incorporant très superficiellement pour des plantes qui n'ont que très peu d'enracinement, comme les salades, ou au pied pour les tomates, les courgettes, les aubergines et les choux. D'autres plantes n'apprécieront pas forcément son apport : les oignons, l'ail, la mâche, les pois et toutes les variétés de radis. Un petit truc : un seau de 10 litres vaut plus ou moins cinq kilos de compost pour

C

environ 5 m². Une brouette équivaudra à 40 kilos de compost pour 40 m² de potager. Il ne vous reste plus qu'à vous y mettre et, c'est certain, vous allez réussir.

COMPOSTER EN APPARTEMENT

Si, si ! vous avez bien lu, c'est tout à fait possible ! Même si l'on n'a pas de jardin on peut composter à la maison… Et sans odeur ! Cela va réduire pour une part très importante le volume de vos déchets et vous allez produire un délicieux compost pour vos plantes d'appartement. Bien sûr pour réaliser votre compost il y a quelques précautions nécessaires si vous voulez n'avoir aucun désagrément.

AVEC QUEL MATÉRIEL ?

Vous pouvez acheter dans le commerce un lombricomposteur, il en existe en bois ou plastique et de différentes tailles. Vous pouvez également le réaliser vous-même. Pour cela, il vous faudra deux bacs de rangement empilables en plastique épais et opaques. Ces bacs doivent être plus larges que hauts afin de faciliter la récolte du compost et pour éviter le compactage. Cela favorisera aussi l'échange d'oxygène entre l'air ambiant et le substrat. Pensez absolument à perforer le fond du bac supérieur pour permettre au jus excédentaire d'être récupéré et évacué. S'il est néfaste aux vers, ce thé de compost est un vrai régal pour vos plantes. Il faudra bien sûr un couvercle, les travailleurs que vous allez mettre à la tâche n'aiment pas la sécheresse ni la lumière.

COMMENT DÉMARRER ?

Il vous faudra 500 gr de vers rouges de fumiers ou de vers de Californie que l'on trouve dans le commerce. Ils sont accompagnés d'une notice qui vous indiquera toutes leurs petites habitudes (régime alimentaire, reproduction, température idéale, etc.). Ne mettez surtout pas de vers de terre. Les vers ont besoin de 10 cm de litière, constituée de feuilles mortes, de terre légère, de cartons déchiquetés, ils vont s'en servir en attendant les déchets. Quelques jours après avoir apporté la litière, on ajoute progressivement les déchets. Les vers ne se nourrissent pas de matières fraîches, mais attendent que les micro-organismes fassent le premier travail de destruction cellulaire et leur rendent les déchets plus digestes. Il faudra moins deux mois pour que cela tourne à plein régime. Ne laissez pas les déchets sur le dessus, enfouissez-les dans les premiers centimètres, sinon moucherons et moisissures apparaîtront…

Coquelicot

BOUQUET DE COQUELICOTS

Quel beau spectacle qu'un champ de coquelicots en fleurs ! Malheureusement, il est difficile d'en conserver un bouquet. Pour en profiter un peu dans un vase, brûlez l'extrémité de la tige, coupez la moitié de la partie brulée et mettez les coquelicots dans l'eau.

Courgette

MILDIOU DE LA COURGETTE

Hachez une bonne poignée de ciboulette, ajoutez 1 litre d'eau bouillante, mettez le tout dans un récipient et recouvrez. Laissez refroidir et faites une pulvérisation deux à trois fois par semaine. Notez que la recette est bonne aussi pour les concombres, les courges et les citrouilles.

Cucurbitacée

POUR FAIRE GROSSIR LES CITROUILLES

Lorsque vos citrouilles sont déjà bien formées, tous les quinze jours versez à leur pied 1 litre de lait entier. Elles profiteront et prendront également de belles couleurs.

LA POINTE EN BAS

Les graines de cucurbitacées, comme les melons, les potirons, les courges, se plantent avec la pointe en bas pour une meilleure germination.

Cyclamen

LES CYCLAMENS D'APPARTEMENT AIMENT FAIRE UNE PAUSE

Pour bien profiter de vos cyclamens, laissez-les dehors la nuit s'il ne gèle pas ou dans une pièce entre 8 et 10 °C, puis la journée rentrez-les chez vous, au chaud. Si les feuilles jaunissent, c'est certainement un excès d'eau, arrosez-les uniquement une fois par semaine. Vous les rempoterez seulement tous les trois ans.

Engrais et fortifiants

LE POT DE CONFITURE MOISIE

Vous ne vous souvenez plus que vous aviez ouvert un pot de confiture et, après quelques semaines, le dessus est moisi. Ne le consommez pas, mais ne le jetez pas ! C'est un engrais dont raffolent les plantes. Donnez-leur une cuillère à soupe à chacune, elles en redemanderont.

LA PEAU DE BANANE

Coupez-les en lanières et mettez-les dans le trou de plantation des arbustes, des tomates ou des rosiers. Ils profiteront pleinement de ce fortifiant.

LES PLANTES DE TERRE DE BRUYÈRE

C'est toujours la même question : quand faut-il donner à manger aux rhododendrons, aux azalées ? Eh bien, juste après la floraison. Tout ce petit monde s'est efforcé de vous offrir une belle floraison, alors une récompense s'impose. Enlevez quelques centimètres de l'ancienne terre et rapportez au pied de la véritable terre de bruyère, mais surtout pas de terre « dite de bruyère » car vous les condamneriez à terme. C'est vrai, ce n'est pas cher mais ce sont vos rhododendrons et azalées qui vont en payer les pots cassés. Ceci est valable pour toutes les plantes qui adorent la terre de bruyère !

L'EAU DE RINÇAGE DES LÉGUMES

Ne jetez pas dans l'évier l'eau de nettoyage des légumes, de la salade, elle est chargée d'éléments nutritifs. Arrosez vos plantes d'appartement ou les plantes du jardin ou du potager. C'est la même chose pour l'eau du poisson rouge.

DES CLOUS FORTIFIANTS !

Vous avez retrouvé dans une boîte tout un tas de vieux clous tous rouillés : gardez-les, mettez-les dans le bac de récupération des eaux de pluie. Laissez-les tremper et utilisez l'eau pour l'arrosage de vos plantes. Le fer est un excellent fortifiant.

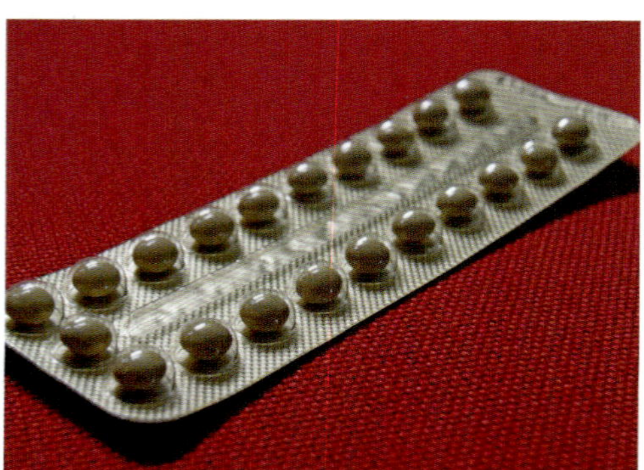

ON NE JETTE PAS LES CONSERVES PÉRIMÉES

Ouvrez les boîtes ou les bocaux et enterrez leur contenu lors de votre prochaine séance de bêchage. Vous apporterez ainsi de l'humus en direct à vos prochaines plantations.

RICHES FEUILLES DE CHÊNE

Prenez un récipient de 20 litres, mettez un tiers de feuille de chêne, remplissez d'eau froide, placez au soleil et laissez infuser pendant une semaine jusqu'au moment où tout cela prendra la couleur du thé. Arrosez vos plantes un peu souffreteuses et vous allez voir leur réaction…

DE L'ENGRAIS NATUREL

Vous venez de déguster un jus de citron à partir d'un citron bio. Découpez en morceaux les pelures et enterrez-les au pied de vos tomates, concombres, aubergines mais aussi de vos plantes d'appartement. Succès garanti !

LE PURIN D'ORTIE : D'UNE PIERRE DEUX COUPS !

Récoltez 1 kg de feuilles d'ortie pour 10 l d'eau, faites macérer 15 jours en remuant. Attention à l'odeur ! Filtrez et pulvérisez à 10 % dans de l'eau contre l'oïdium et les pucerons.

ENGRAIS DE PISSENLIT

Cet engrais est excellent au printemps pour stimuler vos lauriers-roses, citronniers, orangers, rosiers. Faites macérer pendant une dizaine de jours 1 kg de feuilles et pieds de pissenlits, dans 5 litres d'eau. Remuez tous les jours et arrosez une fois par semaine les pieds de vos plantes avec ce fortifiant.

REMPOTAGE AU CENTIMÈTRE PRÈS

Quand vous rempotez une plante verte, le diamètre du pot ne doit pas être supérieur de 5 cm à celui du pot précédent. Si le diamètre est plus important, la plante va perdre de son énergie, va faire moins de racines et pour celles qui fleurissent, leur floraison sera moindre.

« ANTICONCEPTIONNELLEMENT… »

Vous avez trop de pilules, ne les perdez pas ! Enfoncez une fois par mois une pilule dans le pot de vos plantes d'appartement, elles en raffolent et seront en forme.

UN FORTIFIANT NATUREL

Offrez tous les quinze jours à vos plantes d'appartement une cuillère à café d'huile d'olive vierge, de la vraie, de qualité bio extra-vierge, elles ne vont pas en revenir !

L'HEURE DU THÉ

Ne jetez pas les sachets de thé. Défaites-les, récupérez les feuilles de thé et enterrez-les dans les pots des plantes vertes. Elles adorent.

UN BON PETIT COUP

Vous venez de recevoir des amis à dîner et après leur départ, il reste des fonds de verres de vin rouge. Ne les jetez surtout pas. Faites en profiter le ficus, le philodendron, l'anthurium et les autres. Ils adorent finir les fonds de verres...

UNE TASSE DE THÉ ?

Vous venez de vous préparer un thé, voire une quelconque tisane. Pris par vos occupations vous vous ne vous souvenez plus qu'il vous attend depuis un certain temps et il est froid. Faites en profiter vos plantes en arrosage. Elles adorent toutes les vitamines qui s'y trouvent.

LE LAIT, UN BON ENGRAIS

Avant de jeter vos bouteilles ou cartons de lait vides, rincez-les, ne jetez pas l'eau, donnez-la à vos plantes, elles vont adorer.

CURE DE BEAUTÉ À L'ASPIRINE

L'aspirine stimule la croissance des plantes, favorise la floraison, décourage champignons et ravageurs et ralentit le vieillissement des plantes. En bref, une cure de jouvence et de beauté assurée... Appliquez tous les deux mois l'ordonnance suivante : faites fondre 3/4 d'1 sachet d'aspirine dans 1 verre d'eau que vous verserez dans 4 litres d'eau. Vos plantes d'appartement n'en reviendront pas.

DES ALLUMETTES EN POT

C'est idéal à la maison pour chasser les pucerons des plantes d'appartement. Plantez des allumettes dans le pot, l'extrémité rouge en terre, le souffre assommera tous les pucerons.

Ficus

VOTRE FICUS DEVIENT ENCOMBRANT

Si on ne taille pas un ficus, on peut être amené à le régulariser. Vous allez remarquer que la sève va couler et qu'elle est blanche. Pour éviter l'épuisement de la plante après cette taille exceptionnelle, cicatrisez la coupe avec du charbon de bois.

Figue

SOLEIL ET CHALEUR

Les figuiers sont des arbustes fruitiers qualifiés de bifères, car ils ont deux fructifications dans l'année entre juillet et octobre.

C'est une plante de soleil qui demande à être plantée à l'abri du vent froid en région tempérée car elle ne supporte pas les climats rudes. Dans les régions sud, vous adopterez les variétés : «Dauphine», «Gouttes d'Or». Au nord une seule récolte se produit parfois, vous devrez préférer, alors, les variétés : « Ronde de Bordeaux» ou « Verte d'Argenteuil». Faites preuve de patience lorsque vous plantez un jeune figuier, avant de déguster vos premières figues, environ cinq ans passeront...

À CONSOMMER RAPIDEMENT

C'est un fruit au petit goût de miel, populaire depuis l'Antiquité et apprécié par les gourmets et les gourmands. Sa récolte se fait avec délicatesse et à parfaite maturité, juste avant que leur peau ne se fende. Il vous faudra les détacher en saisissant le pédoncule. Ne les empilez surtout pas ! Et consommez-les rapidement, leur conservation lorsqu'elles sont cueillies, n'excède pas 48 h tout au plus.

TAILLER SON FIGUIER

Taillez après la récolte les branches qui ont porté les fruits, tout en conservant le rameau qui va porter de nouvelles figues pour l'automne. N'hésitez pas à supprimer dans le courant de l'hiver toutes les brindilles à l'intérieur de la touffe du figuier. Il a besoin de lumière. Tous les 3 ou 4 ans, il faudra supprimer les branches trop longues ou vieillissantes. Rabattez sévèrement les branches charpentières par roulement plutôt que de réduire légèrement, l'arbre reconstituera sa ramure généreusement.

Fleurs

SUSPENSION FLEURIE

Vous avez décidé d'avoir des paniers suspendus remplis de fleurs multicolores, mais voilà, c'est haut et, surtout, ça dégouline après l'arrosage. Pour éviter cela, déposez des glaçons dans vos suspensions, ils vont fondre à leur rythme. L'humidification se fera lentement et les douches improvisées ne seront plus d'actualité.

UN BOUQUET DE SENTEURS

Un bouquet, c'est tellement agréable lorsque les fleurs sont parfumées. Mais parfois, l'odeur de l'eau vient gâcher votre plaisir… Pour éviter cela, mettez une goutte d'eau de javel dans l'eau. Changez-la tous les deux jours maximum et à chaque fois, remettez quelques gouttes d'eau de javel, coupez deux centimètres de la queue des fleurs, replongez-les dans le vase et vous voilà parti pour un bon moment.

DES BOUQUETS PLUS DURABLES

Afin de prolonger la durée de vos bouquets en vase, ajoutez 1 cuillère à café de bicarbonate dans l'eau, après avoir recoupé l'extrémité des tiges pour qu'elles absorbent mieux la potion.

FLEURS SÉCHÉES

Coupez les fleurs au jardin quand elles ont encore toutes leurs couleurs et suspendez-les la tête en bas dans un lieu sec et sans lumière.

POUR QUE L'EAU DU VASE RESTE PROPRE

Pour éviter que l'eau de votre vase ne croupisse rapidement, ajoutez-y une branche de lierre ou de thuya, vous allez ainsi la garde propre plus longtemps.

Fraise

POUR AVOIR DE BELLES FRAISES
Pilez de la brique réfractaire et épandez-la dans vos rangs de fraisiers. La potasse contenue rendra plus éclatante la couleur de vos fraises.

POUR FAIRE PEUR AUX LIMACES
Coupez des branches de thuyas et tapissez-en le sol, les gourmandes n'apprécieront pas l'odeur. En plus, elles vont leur gratter le ventre et ça, les limaces détestent !

CUEILLEZ VOS FRAISES AVEC LA QUEUE
Pour les conserver plus longtemps cueillez vos fraises avec la queue. Évitez aussi que les fruits touchent le sol, posez de la paille, des feuilles de fougère, de la paille de miscanthus.

PLANTATION DES FRAISIERS
La meilleure période pour planter vos fraisiers, c'est le mois de septembre. Vous êtes pratiquement assuré d'avoir des fruits dès le mois de juin suivant. Si vous avez mis en terre des variétés remontantes, la récolte se reproduira en septembre. En dehors de cette période, il faudra attendre l'année suivante pour déguster. Souvenez-vous que les fraisiers adorent la présence de figuiers et les terres légères.

GOURMANDS DE FRAISES
Pour éviter de voir fourmis et pucerons venir déguster vos fraises avant vous, enterrez des pots de menthe dans les rangs, ça va détaler vite fait !

F

Framboise

CAFÉ ET FRAMBOISES

Les framboisiers raffolent du marc de café : si vous en mettez à leur pied, non seulement vos framboises auront un meilleur teint, mais leur qualité gustative sera renforcée.

VERS ET FRAMBOISES

Voilà que les vers se sont installés dans vos framboises ! Pour les éloigner, plantez des myosotis dans vos rangs de framboisiers. Les lupins peuvent être aussi dissuasifs, car l'odeur poivrée de leurs fleurs empêche les pontes.

FACILE À VIVRE

Il n'existe guère de fruits plus faciles à cultiver. Le framboisier se plaît partout sauf en sol humide. Il est rustique, robuste et ne demande pas beaucoup de soins. Vous pouvez planter le framboisier dès le mois de novembre en le rabattant à 15 cm du sol pour provoquer le développement de nouvelles pousses au printemps. Avec de la corne broyée ou un bon terreau, enrichissez la terre à la plantation, celle-ci se fera tous les 60 cm. Voici quelques bonnes variétés remontantes : Malling promise, Héritage, Reve.

LA TAILLE

On ne peut pas trouver plus simple ! Coupez l'extrémité des tiges qui ont produit en automne. La deuxième année, en juillet, taillez à la base la tige ayant fructifié et supprimez les tiges mortes.

Fritillaire

COUCHER LA FRITILLAIRE

Cette plante possède une cavité sur le haut de son bulbe, qui est la trace de la tige florale de l'année précédente. Pour éviter que cela ne fasse pourrir le bulbe, plutôt que de la planter à plat, couchez-le légèrement à la plantation pour éviter de le voir dépérir.

Fruits

CHOIX LIMITÉ

En jardinerie, le choix des fruits à cultiver est souvent restreint. Les plus faciles à cultiver sont les raisins, les poires, les prunes, les nectarines, les fraises.

QUAND RÉCOLTER LES FRUITS ?

L'abricot, quand il est souple sous vos doigts. Les cerises, quand elles sont bien noires et conservent toujours le pédoncule (la queue). La pêche, quand elle se détache toute seule. Les framboises et les mûres, tous les deux-trois jours quand les fruits se détachent très facilement. Les prunes, quand elles ne sont plus dures et qu'elles deviennent juteuses à la dégustation. Le coing, juste avant les gelées, quand il a pris une belle couleur jaune et qu'il est bien parfumé. Il termine son mûrissement après la cueillette. Les poires, quand elles changent de couleur et deviennent moins dures, mais toujours avant les gelées. Les pommes, avant les gelées, quand les premiers fruits tombent. Le kiwi, après les toutes premières gelées.

CONSERVATION DES FRUITS ET DES LÉGUMES

Dans la très grande majorité des cas, on ne conserve pas les fruits au réfrigérateur. En effet, avouez que manger une pomme ou une poire froide ne révèle pas leur saveur. Il en est de même pour les tomates, les concombres et les poivrons. Conservez-les à température ambiante, vos papilles apprécieront.

VIN ET FRUITS EN CAVE

Ne conservez jamais les fruits dans une cave où vous aurez stocké de bonnes bouteilles. Le tanin des fruits va gâter vos millésimes en passant au travers des bouchons. Donc chacun chez soi !

FRUITS ET LÉGUMES PROPRES

Pour éliminer les produits de traitement sur les fruits et légumes, vous pouvez les nettoyer en les plongeant dans de l'eau additionnée de 1 cuillère à café de bicarbonate par litre d'eau. Ne les laissez que très peu de temps dans l'eau, deux minutes maximum.

CONSERVATION DES FRUITS

Pour conserver vos fruits plus longtemps, mettez deux ou trois bouchons de liège dans la corbeille.

Fumagine

RALLUMEZ LA LUMIÈRE !

Vous remarquez comme de la cendre sur les feuilles de votre végétal ? Il s'agit d'un champignon qui sécrète des substances miellées et provoque cet aspect cendré noir.

Rien de dangereux sinon que la plante ne respire plus par ses feuilles, cette couche sombre arrêtant la lumière. Il est nécessaire, pour que la plante respire bien, de laver chaque feuille ou de faire plusieurs pulvérisations avec 1 litre d'eau auquel vous ajouterez 2 verres d'alcool à brûler.

Cette solution va dissoudre ce que l'on appelle la fumagine.

Gazon et pelouse

GAZON OU PELOUSE ?

Voilà qui peut être sujet à des discussions animées dans les chaumières. Pour mettre tout le monde d'accord on considère que le gazon c'est les graines et la pelouse l'herbe verte. L'affaire est donc close.

QUEL GAZON CHOISIR ?

Le gazon appartient à la famille des graminées.
Le ray-grass anglais : il étouffe une grande partie des mauvaises herbes mais demande des tontes et un entretien rigoureux.
Le pâturin des prés : c'est du costaud, du solide, il est un peu grossier mais il est idéal pour les terrains de jeux.
La fétuque ovine : résistante, fine et dense, elle forme de superbes tapis. Elle est à exclure pour les jeux.
La fétuque rouge : elle est bien traçante, elle accepte les tontes courtes, elle jaunira rapidement par temps de sécheresse sauf si elle bénéficie d'un arrosage régulier.

QUAND SEMER DU GAZON ?

D'abord il faut un terrain bien préparé. Éliminer le chiendent, le liseron, le lierre, l'oseille sauvage, les chardons est une étape obligatoire. Un semis de printemps est possible à condition de pouvoir arroser. Je recommande plutôt un semis d'automne car l'humidité de la nuit peut servir d'arrosage. La densité du semis, dans les deux cas, est de 30 gr/m^2.

RETROUVEZ LE VERT ÉMERAUDE DE LA PELOUSE

Si vous avez une petite surface, arrosez votre pelouse une fois par mois avec du coca-cola. Si chez vous c'est une grande superficie, mieux vaut prendre un contrat avec le fabricant de coca !

LE TERREAU : BIENFAIT DU GAZON

Le terreautage consiste à épandre sur votre gazon 2 à 3 cm de bon terreau très fin, qui va rapidement profiter aux racines du gazon et lui donnera une belle vitalité. Cette opération peut être réalisée après la première tonte au printemps. Choisissez un jour où la pluie favorisera l'absorption.

UNE PELOUSE SANS TACHE

Des taches jaunes et le coupable c'est le chien ! L'urine est mortelle pour le gazon. Il existe une solution pour neutraliser ce liquide : ajoutez une bonne cuillère à soupe de jus de tomates à la pâtée de Médor, c'est sans risque pour votre ami le chien et cela sauvera votre gazon.

UNE PETITE FAIBLESSE AU MILIEU DE VOTRE PELOUSE

Voilà que sans raison une petite tache jaune apparaît sur votre pelouse. Récupérez du jus de betterave rouge mélangé avec de l'eau et faites plusieurs arrosages, la tache devrait disparaître.

UNE PELOUSE QUI LAISSE À DÉSIRER

Votre pelouse est mitée parce qu'à force de la rafistoler avec des graines qui ne sont jamais les mêmes, c'est un véritable jeu de verts et c'est vilain. La prochaine fois que vous la referez, conservez l'étiquette de la composition que vous avez semée, cela vous évitera d'avoir une pelouse tout en couleurs.

LA TONTE DU GAZON

Elle doit s'effectuer au maximum tous les huit jours. Mais la meilleure solution serait tous les quatre jours pour avoir une pelouse régulière et pratiquement plus de corvées de déchets : les tontes restent sur le terrain, ce qui apporte de l'humus. Ainsi tondue, votre pelouse sera en bonne santé et vous offrira une belle couleur.

RÉALISER DES MASSIFS DANS LA PELOUSE

Vous avez l'intention de donner de la couleur à un coin de votre jardin en réalisant un massif qui aura une forme particulière ? Posez tout simplement votre tuyau d'arrosage pour donner la forme que vous souhaitez à votre massif puis bêchez à l'intérieur. Vous pouvez aussi dessiner les contours avec de la craie ou du plâtre.

FINI L'HERBE QUI COLLE

Aussitôt la tonde terminée, nettoyez votre tondeuse et passez du dégrippant en aérosol sur les lames pour que l'herbe ne colle pas.

Géranium

FAVORISER LA FLORAISON DES GÉRANIUMS

Pour leur permettre de mieux fleurir, ajoutez une fois par semaine quelques gouttes de lait au terreau de la jardinière.

REVOIR DES FLEURS

Avant de partir en vacances, supprimer toutes les fleurs, y compris les boutons. Lorsque vous rentrerez trois semaines après, vos géraniums vous accueilleront en fleur.

Ginkgo biloba

L'ARBRE AUX QUARANTE ÉCUS

Le *Ginkgo biloba* a vécu avec les dinosaures, c'est un fossile végétal. Il existe des mâles et des femelles. Préférez plutôt un mâle car les femelles produisent des fruits qui sentent très mauvais. Enfin, soyez rassuré, ce n'est pas pour demain, il faut qu'il ait atteint au moins quatre-vingts ans...

Glycine

LA GLYCINE NE FLEURIT PAS

Lorsque la glycine est plantée dans une terre trop riche en azote, cela empêche la formation des boutons floraux. Apportez-lui un engrais phosphaté, mais surtout pas de compost ou de terreau. Au fil de l'année, taillez-la bien au fur et à mesure de sa croissance, réduisez de trois quarts toutes les pousses. Enfin, en hiver coupez toutes les branches en laissant uniquement celles qui vont fleurir, les pousses sont grosses.

Greffage

La greffe est une méthode de multiplication qui consiste à souder un fragment de variété que l'on désire reproduire sur une plante de la même espèce pour obtenir un nouvel individu. La plante qui va recevoir la greffe s'appelle le « porte-greffe » ou « sujet », le morceau de plante qui va être greffé s'appelle le « greffon ». La greffe est considérée comme réussie quand la circulation de la sève est établie entre le porte-greffe et le greffon. Pour cela, il faut qu'il y ait une totale compatibilité entre greffon et porte-greffe. Ils doivent être proches sur le plan botanique, on ne greffe pas des pêches sur des porte-greffes de pommier ! Selon le mode de greffe et l'espèce de plante, la greffe peut s'effectuer sur la racine, le collet, le tronc ou la branche. La soudure de la greffe ne se fait qu'en phase active, c'est-à-dire lorsque la sève circule. Suivant la technique de greffage, cette multiplication se fait entre la fin de l'hiver et la fin de l'été.

COMMENT OBTENIR DES PORTE-GREFFES ?

Prenons l'exemple du pommier. Semez des pépins de pommes de table : Golden, Reine des Reinettes, Granny Smith, etc. Au printemps, lorsqu'ils seront levés et qu'ils feront quelques centimètres, repiquez-les comme des poireaux, à même distance. L'année suivante vous pourrez alors greffer au mois de juillet une variété de pommes.

COMMENT PROCÉDER À LA GREFFE ?

Pour le pommier, on réalise une greffe en écusson. Pour ce faire, on utilise un écussonnoir. Cet outil est muni d'une petite spatule qui permet de soulever la coupure faite en T afin d'y glisser l'œil prélevé sur la variété de pomme choisie. L'écussonnoir doit être aussi tranchant qu'un rasoir pour que les coupes soient nettes. Pour bien maintenir l'œil dans sa fente il faut ligaturer avec du raphia. Ce mode greffage peut s'appliquer également aux rosiers.

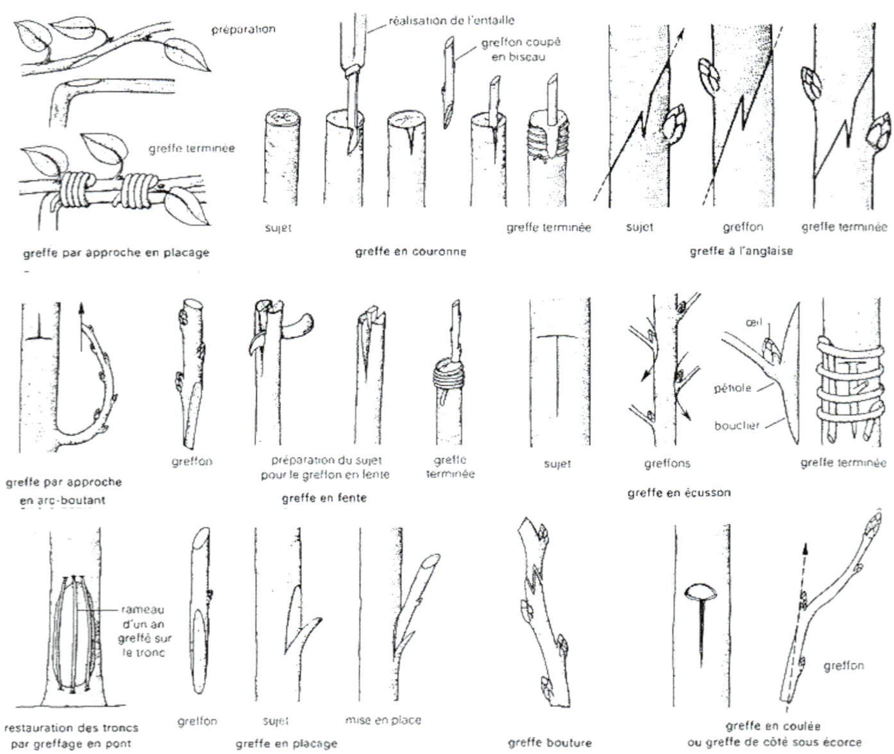

LES AUTRES MÉTHODES DE GREFFES

La greffe en fente qui s'applique pour les arbres fruitiers en tiges au printemps. La greffe en incrustation pour les lilas, les altheas sur table. La greffe à l'anglaise, compliquée, pour la vigne sur table en hiver.

On sait combien les jardiniers sont curieux, aiment apprendre et faire leurs propres expériences, mais dans le cas du greffage, il faut bien se rendre à l'évidence, cela ne fonctionne pas à tous les coups... Cette pratique reste un travail de spécialiste qui demande de la technique et quelques notions théoriques concernant la botanique. Surtout, prenez cela du bon côté et continuez, recommencez, faites des essais Un jour, ça finira bien par coller.

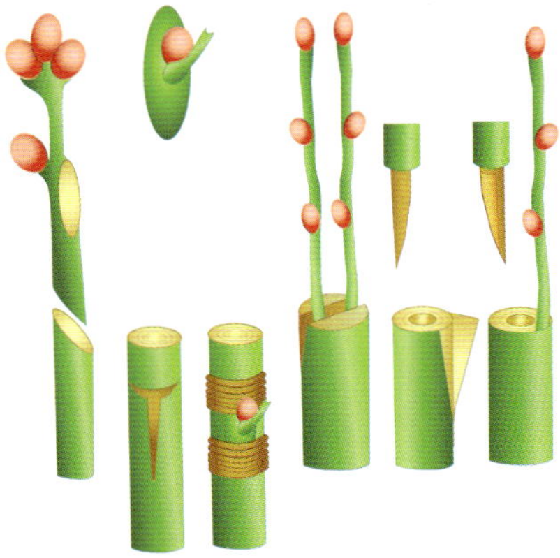

Groseille

ILS SE SENTENT BIEN ENTRE EUX

Plantez vos groseilliers et cassissiers à 80 cm d'intervalle avec 3 ou 4 fraisiers, ils adorent être ensemble et ne se font pas concurrence sur la pitance.

POUR FACILITER L'ÉGRENAGE DES GROSEILLES ET DES CASSIS

Pour ramasser les petits fruits rouges sans trop les abimer, utilisez une fourchette et glissez les tiges entre ses dents. Au-dessus d'un récipient, tirez délicatement la fourchette; les fruits tomberont doucement.

LA POUDRE BLANCHÂTRE SUR LES FEUILLES DE GROSEILLIER

C'est un champignon nommé oïdium, communément appelé « le Blanc ». Cette maladie rend les fruits inconsommables. Aussi, pour vous en débarrasser, voici un remède efficace : coupez 20 grammes de tiges de presles, jetez-les dans 1 litre d'eau et faites bouillir 20 minutes. Lorsque votre potion est froide, pulvérisez sur vos groseilliers.

H

Haricot

LA GRAINE DE HARICOT EST CORIACE

Avant de les semer en poquets, c'est-à-dire 4 ou 5 graines dans un même trou, faites-les tremper la veille du semis dans de l'eau chaude. Méfiez-vous de la météo, si vous semez en période humide, rien ne va se passer. L'opération sera à recommencer !

DES HARICOTS ENVAHIS DE PUCERONS

Avec une invasion, impossible de déguster vos haricots, même en faisant lavage sur lavage. Récupérez des mégots de cigarette, faites-les macérer dans de l'eau pendant 24 h, filtrez et pulvérisez sur vos envahisseurs. 48 h plus tard, tout le monde aura décampé. Il ne vous restera plus qu'à cueillir, faire bouillir et déguster. Et n'ayez aucune crainte, vos légumes n'auront ni le goût ni l'odeur du tabac...

HARICOTS RAME ET PETIT JARDIN

Un jardin peut devenir un petit terrain d'expérience et d'originalité. Vous voulez avoir des haricots rame, plantez trois piquets en tipi reliés en haut, semez vos graines. À chaque pied, lorsqu'ils auront atteint une dizaine de centimètres, plantez un volubilis, un pois de senteur, une capucine. Lorsque tout cela sera en pleine végétation, voilà une jolie tente d'indien pour les enfants.

ILS AIMENT LA VISITE

La récolte des haricots s'annonce bien, mais attention il faudra les cueillir tous les deux jours. La plante demande en permanence à produire car la floraison peut être généreuse, arrosez-les tous les soirs et mouillez en profondeur au pied. Si vous arrosez le feuillage, vous risquez de faire tomber les fleurs et stopper la production. Plantez dans vos rangs des pois de senteur pour favoriser la pollinisation.

CONSERVATION DES HARICOTS GRAINS

Vous avez une superbe récolte de haricots grains et de fèves. Pour bien les conserver et chasser les bataillons d'insectes, mettez des feuilles de laurier-sauce dans vos réserves, l'odeur va forcément leur déplaire.

Hortensia

DES HORTENSIAS ENCORE PLUS ROSES

Il est possible d'intensifier la couleur de vos hortensias roses en ajoutant à l'eau de l'arrosoir une cuillère à soupe de bicarbonate de soude, à raison d'un arrosage tous les deux jours sur une période de trois semaines.

Indésirables

COUPE-FAIM

Vous venez de faire vos semis, poser un filet, disposer des affolants et malgré tout cela les petits oiseaux et parfois les gros, voire les insectes, se donnent rendez-vous pour la dégustation. Saupoudrez une bonne dose de piment de Cayenne sur le rang, ça risque de couper l'appétit aux gourmets…

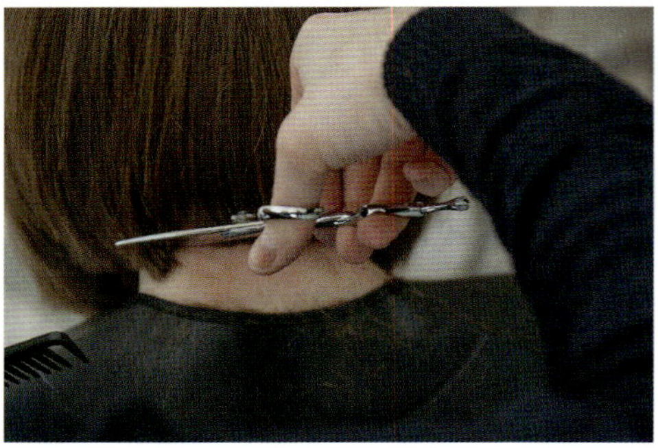

UN VRAI RÉPULSIF

Pour chasser les curieux et les intrus comme les cerfs, les chevreuils, les lapins, qui sont sensibles aux odeurs, achetez des doses d'assouplissant et suspendez-les dans votre jardin, surtout près des plantes qui risquent d'être dégustées… Demandez également à votre coiffeur des mèches de cheveux et suspendez-les sur des ficelles qui vont ceinturer vos plantations. L'odeur humaine les éloignera. Bien évidemment l'opération sera à renouveler, surtout s'il a plu.

LES INDÉSIRABLES VONT DÉCAMPER !

Trempez des morceaux de journaux froissés ou des bouts de tissus dans du vinaigre blanc. Chats, chiens, lapins, hérissons ne s'aventureront plus où vous les aurez laissés.

FINI LES RONGEURS

Vous vous êtes aperçu que des petits rongeurs avaient élu domicile dans votre cabane de jardin : mettez-y 2 ou 3 lingettes assouplissantes, ils ne supporteront pas.

INSECTICIDES ET HERBICIDES

Ne mettez pas dans votre compost de feuilles de noyer ni de hêtre. Utilisez-les en paillage dans vos massifs, les feuilles de ces arbres seront d'excellents insecticides et empêcheront aussi l'herbe de lever.

UNE POTION PUISSANTE

Il y a toujours un ravageur à l'affût au potager, dans le jardin d'ornement et même dans les jardinières. Voici un cocktail antiparasitaire polyvalent. Mixez tout ce que vous trouvez comme aromatiques dans votre jardin : oignon, ail, ciboulette, menthe, piment fort, racines de raifort. Ajoutez 2 verres d'alcool à brûler, 1 de savon liquide, plongez tout cela dans 4 litres d'eau pendant 24 h. Filtrez et ajoutez 1 cuillère à soupe d'huile de colza par litre d'eau au moment de la pulvérisation de la potion. Renouvelez l'opération 48 h après. Attention, pas de pluie et pas d'arrosage pendant une période de quatre jours. Le résultat est garanti.

DES GENDARMES DANS LE JARDIN

On les voit courir tout de rouge vêtus avec des motifs noirs. Ils ne sont pas dangereux et ce ne sont pas des ravageurs. C'est vrai qu'ils vont peut-être goûter un peu les fraises et la salade, mais il faut que tout le monde vive ! Pour les éloigner, y compris lorsqu'ils s'invitent à la maison, disposez des barrières avec des branches de menthe.

POUR DÉCOURAGER LES CHATS

Prenez un pot de moutarde bien forte, mettez-en 2 cuillères à soupe dans 1 verre d'eau, délayez et mélangez ensuite à 1 litre d'eau. Arrosez le lieu où le matou vient faire ses griffes, il passera son chemin.

CANAPÉ POUR CHAT

Votre matou adore s'endormir au soleil et écrase parfois les plantes ? Préparez-lui un joli canapé. Plantez un ou deux Nepeta mussini, c'est une plante vivace à la légère odeur de menthe et une jolie floraison mauve. Il adorera se prélasser sur cette plante et pendant ce temps-là, il n'ira pas gratter dans vos massifs.

CHASSE-CHENILLES

Le savon noir est un insecticide et un antiseptique naturel. Si vous voulez éliminer les chenilles qui viennent boulotter vos plants, vos légumes, vos fraises, mettez 5 cuillères à soupe de savon noir liquide dans 1 litre d'eau, secouez bien et pulvérisez. L'opération peut même être effectuée en préventif si vous soupçonnez qu'un gang de chenilles est sur le point d'attaquer vos choux, vos lys, bref tout ce qui risque de leur tomber sous la dent !

ÉRADIQUER LES CHENILLES

Diluez dans 1 litre d'eau 1 cuillère à café de liquide vaisselle et ajoutez 1 pincée de piment de Cayenne, pulvérisez. Chenilles, pucerons et cochenilles vont passer un sale quart d'heure…

LES VILAINES CHENILLES

Voilà les chenilles qui envahissent vos choux ou vos salades ? Mettez des graines de tournesol, les oiseaux adorent et vous débarrasseront en même temps de ces grignoteuses.

UN LOGIS DE FOURMIS

La fourmilière en forêt est en forme de dôme, qui abrite la colonie, les œufs et les reines. C'est une société très organisée. On peut aussi trouver des nids dans la terre, voire dans un vieux tronc d'arbre. Pour vous en débarrasser, demandez à votre herboriste de la poudre d'aloès à raison de 1 gramme par litre d'eau et arrosez le nid de vos envahisseurs.

SE DÉBARRASSER D'UNE FOURMILIÈRE

Préparez un mélange d'eau avec du savon noir, à raison de 5 cuillères à soupe de savon noir dans 1 litre d'eau. Versez directement l'eau savonneuse sur la fourmilière, les fourmis vont déguerpir.

HALTE AUX FOURMIS

Ce sont de véritables forces de la nature. Je veux parler des fourmis qui ont décidé de transporter, dans leur garde-manger, les graines que vous venez de semer. Pour les décourager, saupoudrez du marc de café sur vos rangs de semis.

ADIEU FOURMIS...

C'est vrai, c'est cruel mais tellement efficace. Prenez du riz cru, écrasez les grains et distribuez-les sur le chemin des fourmis. Elles vont s'en gaver à en mourir. En effet, le riz va gonfler dans leur estomac et l'affaire sera vite réglée...

PIÈGES À GUÊPES

Bien qu'une guêpe puisse dévorer cinq cents chenilles dans une journée, sa présence n'est jamais très appréciée. Pour vous en débarrasser, préparez une canette de bière remplie aux trois quarts, accrochez-la à une branche, elles vont y plonger directement sans se poser de questions. Si vous n'avez pas de bière, utilisez de la limonade. Et si elles viennent à tournicoter autour de la table, quelques clous de girofle les décourageront.

ÉLIMINER HANNETONS ET VERS GRIS

Vous avez des saboteurs que vous ne parvenez pas à débusquer ? Mélangez une cuillère à soupe de liquide vaisselle dans 4 litres d'eau et arrosez le lieu du désastre. Vers gris et hannetons vont sortir la nuit et se dessécher sur le terrain.

ÉVITER LES HANNETONS

Au moment du vol des hannetons, qui se produit une année sur trois, placez aux endroits sensibles des boules de naphtaline. Elles feront fuir les femelles et éviteront la ponte.

LARVES DE HANNETONS

Les hannetons sont allergiques aux crucifères, alors pour les supprimer faites une belle décoction de feuilles de chou. Mettez 1 kilo de feuilles de chou dans 10 litres d'eau, laissez macérer pendant dix jours et arrosez le terrain infesté.

DES LAPINS AFFAMÉS

Saupoudrez au pied de leurs plantes favorites du talc et du bicarbonate de soude.

PIÈGE À LIMACES

Elles adorent prendre des pintées de bière même si elles salivent devant vos fraises ou vos salades. Enterrez dans le sol près de leur larcin une grosse boite de conserve dans laquelle vous aurez versé 5 cm de bière, peu importe la marque ; alléchées par l'odeur, elles vont plonger et vous n'aurez plus qu'à récolter.

LA PATTE DU CHIEN LEVÉE !

Si vous remarquez que votre chien est un peu trop familier avec vos pots de fleurs, pulvérisez les pots avec de l'essence de citronnelle, ça ne va pas lui plaire du tout et il ira voir ailleurs si la vie est meilleure !

TENIR LES MERLES À DISTANCE

Bien avant vous, les merles ont repéré fraises, groseilles, cassis, voire même vos salades. Il y a bien les filets, les affolants, les CD suspendus, mais s'il y a bien un truc qui les découragera, ce sont les bouteilles en verre blanc remplies d'eau. Ça brille et l'effet est garanti, y compris avec les moineaux.

LES MOUCHES N'Y VERRONT QUE DU BLEU

Vous avez remarqué comme c'est désagréable de voir des mouches voltiger dans le cellier ou la cave où vous avez entreposé vos fruits. Pour vous en débarrasser, vous avez la solution de peindre vos murs en bleu... À défaut suspendez des cartons bleus enduits de colle, elles vont bondir dessus direct.

CARTON JAUNE POUR LES MOUCHES BLANCHES !

Ces mouches aiment le jaune. Aussi, disposez des cartons de cette couleur enduits d'une matière collante, elles ne vont pas hésiter un seul instant à bondir sur vos pièges pour y laisser leur peau.

LES MOUSTIQUES, C'EST AGAÇANT !

Une soirée entre amis sur la terrasse, c'est sympa. Les moustiques, beaucoup moins. Je te pique par ci et je te pique par là... Pour éviter la bagarre, plantez de la lavande, des géraniums à feuillage odorant, de la citronnelle ou du basilic. Les moustiques détestent ces odeurs près de la terrasse. Autre idée, vu qu'ils n'aiment pas les oignons : coupez-en deux, posez-les sur une coupelle sur la table du dîner ou accrochez-les à une branche d'arbre. Ils ne vont pas demander leur reste ! Et s'ils vous harcèlent au moment du coucher, pourquoi ne pas mettre le pot de géranium sur votre table de nuit ?

CHASSE-MOUSTIQUES

Plantez un pied de tomate au milieu de vos jardinières. Les moustiques ne supportent pas cette odeur. À défaut de tomates, mettez une petite coupelle d'eau dans laquelle vous aurez mis du liquide vaisselle odeur citron. Ils n'apprécieront pas non plus.

OISEAUX DANS LES CERISIERS

Pour profiter de vos cerises avant eux, suspendez des bouteilles en plastique coupées en deux dans lesquelles vous aurez mis 4 ou 5 boules de naphtaline. L'odeur va les chasser.

HALTE AUX PUCERONS

Pour chasser les pucerons, versez 1 cuillère à soupe de savon noir, 1 cuillère à soupe de liquide vaisselle dans un pulvérisateur avec 20 cl d'eau et vaporisez vos plantes. L'opération devra être renouvelée plusieurs fois dans la semaine.

ADIEU, PUCERONS ET COCHENILLES...

Mettez dans 1 litre d'eau 2 verres d'alcool à brûler, 1 cuillère à soupe d'huile de colza et faites 4 ou 5 pulvérisations par semaine.

UN INSECTICIDE NATUREL

Après avoir récolté vos côtes de rhubarbe, faites macérer les feuilles pendant deux jours (2 kg de feuilles dans 10 litres d'eau), filtrez et pulvérisez sur l'invasion de pucerons. Ils vont dégager vite fait !

POUR NE PLUS VOIR DE TAUPINIÈRES

Imbibez du produit vaisselle à l'odeur du citron sur des chiffons et introduisez-les dans les galeries, les taupes détestent cette odeur. À coup sûr, elles se réfugieront chez un voisin... mais c'est une autre histoire !

DES INVITÉS-SURPRISES

Voilà une bande de petits rongeurs (souris, mulots, musaraignes) qui s'invite sans prévenir. Faites leur bon accueil. Mettez un peu de purée instantanée en poudre dans un récipient et à côté un autre récipient avec de l'eau ; après s'être gavé de purée vient le moment de faire couler le tout. Nos gourmets vont alors être pris de maux de ventre, à tel point qu'ils vont avaler leur bulletin de naissance.

LES PETITS RONGEURS DU JARDIN

Ils adorent le cola. Mettez-en un peu dans un récipient, ils viendront le boire, mais ne s'en remettront pas... À défaut de cola, mélangez 1/2 tasse d'huile de ricin à 8 litres d'eau et pulvérisez le terrain qu'ils fréquentent, ils détestent véritablement l'odeur et vont déguerpir.

J

Jacinthe

FAIRE REFLEURIR LES JACINTHES

Inutile de conserver les bulbes, il faut les renouveler chaque année.

FAIRE FLEURIR UNE JACINTHE SUR L'EAU

Tout d'abord, sachez que la jacinthe n'est pas un nénuphar. Maintenant, voilà le truc pour faire fleurir un bulbe sur un vase d'eau.

Il suffit tout simplement de laisser le bulbe au-dessus de deux centimètres d'eau à 10-12 ° dans le noir complet – et, quand je dis complet, c'est complet y compris le jour !

Dès que les feuilles atteindront 8 à 10 centimètres de haut, mettez-le à la lumière et au chaud, vous allez le voir fleurir, c'est sûr, et profiter de son parfum.

Kiwi

ATTENTION AUX GELÉES DE PRINTEMPS !

Le kiwi (*Actinidia deliciosa*) est une plante grimpante de grand développement dont les branches peuvent atteindre 2,50 m, elle peut être plantée en treille, sur une pergola ou une tonnelle parce que sa vie c'est de s'accrocher. Contrairement à ce que l'on pense le kiwi est très rustique et peut supporter des températures de - 15 ° C. Cependant il demandera à être installé à l'abri, il est très sensible aux gelées de printemps même faibles. Sa production sera véritablement réelle au bout de 8-10 ans, sachant qu'il faudra toujours planter un couple pour être assuré de récolter. La récolte en zone tempérée se fait après une ou deux gelées. La sève se stoppe et les fruits mûrissent.

COMMENT TAILLER ?

Lors de la plantation taillez les rameaux de la branche maîtresse appelée « charpentière », en les guidant sur de solides fils de fer. Après cette taille de nouveaux rameaux vont se former, coupez à nouveau à 2 ou 3 feuilles afin de provoquer la fructification. Après la récolte en hiver raccourcissez à nouveau à 1ou 3 feuilles après les groupes de fruits que vous avez récoltés. Et ce sera ainsi de suite pour toutes les années suivantes. Bien entendu si vous avez des branches un peu désordonnées, n'hésitez pas à les supprimer.

Laitue

CONSERVER LA LAITUE

Si vous voulez garder votre laitue fraîche plus longtemps dans le bac à légumes du réfrigérateur, mettez-la dans un sac plastique avec une tranche de pain.

LES LARVES FIL DE FER

Vos salades repiquées d'avant-hier sont toutes en train de flétrir ? Pas de doute, ce sont des taupins, appelés aussi larves fil de fer, car assez dures et de couleur orange, qui sont en train de se régaler des racines de vos laitues. Pour les éliminer, faites des brochettes de pomme de terre crues avec des cure-dents, enfoncez-les dans le sol où le gang sévit. Le lendemain, retirez-les et vous verrez vos boulotteurs dans la chair de pomme de terre.

PROTÉGEZ VOS LAITUES AU JARDIN

Voilà que les lapins lorgnent sur vos laitues… Saupoudrez-les d'un mélange de bicarbonate, piment et poivre. Vos chapardeurs vont comprendre leur douleur… Lavez bien votre salade avant de la consommer.

POTION DE LAITUE

Certaines de vos plantes d'intérieur sont mal en point. Passez au mixer de belles feuilles de laitue, cela marche aussi avec d'autres salades. Ajoutez de l'eau. De l'eau de pluie serait parfaite. Filtrez et pulvérisez le feuillage de vos plantes malades une ou deux fois par semaine. Pour qu'elles retrouvent encore plus vite goût à la vie, enterrez les déchets de salade filtrés dans leur pot.

Laurier-rose

FLORAISON DES LAURIERS-ROSES

Ce n'est pas possible, ils font grise mine, on dirait qu'ils ont été contrariés : les fleurs de vos lauriers ne s'ouvrent pas. Il faut faire quelque chose. Pas d'hésitation, quelques arrosages à l'eau tiède devraient stimuler la floraison.

BOUTURER LE LAURIER-ROSE

Votre voisin a un superbe laurier-rose avec des fleurs d'une couleur originale. Coupez vers le 15 juin une branche de 15 cm de long. Supprimez les 3/4 des feuilles à partir de la base, disposez-la dans un verre d'eau et attendez. Vous allez apercevoir, quelques semaines plus tard, des petites racines. Rempotez alors dans un pot, protégez le jeune laurier pour l'hiver et rempotez-le au printemps suivant.

HORMONE DE BOUTURAGE

L'idée vous prend de bouturer des lauriers-roses et vous souhaitez voir arriver les petites racines rapidement à la base de la bouture. Alors prenez de petites branches de saule, laissez-les tremper pendant une douzaine d'heures. Trempez vos boutures de laurier-rose dans la solution et plantez-les dans un pot rempli de terre légère.

Lavande

DES LAVANDES QUI NE SONT PLUS DES LAVANDES

Vos lavandes ressemblent à de vieilles touffes sans forme, sans allure. Pour y remédier, une seule solution : la taille à 15 cm du sol. Elles ressembleront alors à de vulgaires morceaux de bois, mais vous verrez, quelques semaines plus tard, de petites pousses arriveront. La floraison sera simplement décalée. Un conseil, taillez-les tous les deux ans, très court. Vous aurez ainsi toujours de belles touffes de lavande comme si elles venaient d'être plantées.

Lierre

UN VÉRITABLE ENVAHISSEUR

Le lierre court, s'agrippe, prend largement ses aises. La meilleure solution pour éviter son invasion : le couper au ras du sol, dégager son pied et mettre une bonne poignée de gros sel. Son compte sera réglé mais attention aux plantes toutes proches.

Lilas

LES FEUILLES DE LILAS

Lorsque les lilas se garnissent de feuilles, c'est le moment de semer laitue et petits pois.

DES BOUQUETS DE LILAS PLUS RÉSISTANTS

Il suffira de fendre la base des tiges en deux au couteau sur 3 ou 4 cm et ensuite d'écraser la partie fendue avec un marteau. Restez discret sur votre méfait, vous risqueriez d'être accusé d'acte de sauvagerie...

Comment utiliser un calendrier lunaire ?

Les périodes de lunes montantes sont favorables aux semis, à la récolte des légumes feuilles, des fruits, des graines et à tout mouvement de sève souhaité «vers le haut» comme les tailles par exemple. Les périodes de lune descendante sont favorables à l'enracinement donc aux plantations, au bouturage, à l'épandage des engrais et du compost, à la récolte des légumes racines, des bulbes et tout mouvement de sève souhaité «vers le bas», la taille d'un arbre trop vigoureux par exemple. Les jours de nœuds lunaires sont réputés défavorables aux travaux de la terre. Enfin la position de la lune dans les constellations zodiacales détermine les jours «fleur», «racine», «feuille», «fruit», favorables sur les plantes, par exemple : semez les carottes en jour «racine», le haricot en jour «fruit», plantez les oignons de tulipe en jour «fleur» mais l'oignon en jour «racine». Le calendrier lunaire tient donc compte des positions de la lune qui définissent un temps pour chaque geste, ce qui n'est pas toujours simple mais il vous reste encore le temps de vous y exercer...

Mâche

SEMIS DE MÂCHE

Le semis peut débuter dès le mois d'août, mais attention : sur un terrain propre et tassé comme certaines allées du jardin après la récolte des tomates. Faites le semis à la volée avec un léger coup de râteau, un tous les quinze jours jusqu'à la fin octobre. Vous devriez avoir une récolte jusqu'en mars.

Maïs

IL EST ÉPUISANT

C'est un gourmand... un goinfre, il s'offre des repas pantagruéliques et en plus c'est un éternel assoiffé. Je veux parler du maïs. Surtout, ne remettez jamais deux années de suite du maïs à la même place, il épuiserait votre sol.

Marc de café

LES BIENFAITS DU MARC DE CAFÉ

Ne jetez pas votre marc de café, c'est un excellent engrais pour le jardin mais aussi pour les plantes d'appartement et même le compost.

ÉVITER LE JAUNISSEMENT DES PLANTS

L'hiver, il arrive couramment que les plantes jaunissent à cause du manque de lumière. Pour éviter cela, déposez sur la terre légèrement humide du marc de café mélangé à du sucre en poudre.

UNE PLANTE AU JARDIN UN PEU SOUFFRETEUSE

Voilà un super produit dopant : mélangez du marc de café à des coquilles d'œuf bouillies et pilées. Vos plantes ne vont pas en revenir.

Mauvaises herbes et mousses

INDÉSIRABLES AU JARDIN

Vous avez un secteur de votre jardin envahi de chiendent, liseron, chardon? Déroulez un film plastique transparent, la chaleur au travers du film va brûler les pousses, elles repartiront mais les rayons du soleil finiront par décourager ces insupportables et indésirables au jardin.

CHARDONS ET CIE

Pour vous débarrasser des chardons, deux solutions. Ne les arrachez pas, mais coupez-les lorsqu'ils montrent le bout de leur nez. Ils finiront par se fatiguer et disparaître. Sinon, pulvérisez sur leur tête du vinaigre blanc pur. Renouvelez l'opération plusieurs fois, car ce sont des durs à cuire.

POUR DÉTRUIRE L'HERBE DANS LES ALLÉES

Dans 1 litre d'eau, versez 2 verres de vinaigre blanc et deux cuillères à soupe de gros sel; mélangez bien et pulvérisez directement sur l'herbe.

SUCRE ET MAUVAISES HERBES

Le sucre est un excellent désherbant, attaquez donc les herbes entre les dalles de votre terrasse en les saupoudrant de sucre en poudre ou cristallisé. Pour éviter d'attirer les fourmis, mélangez le sucre avec du piment de Cayenne en poudre.

LA MOUSSE DES ARBRES

Sa destruction se fait pendant l'hiver. Mettez dans 1 litre d'eau 2 verres d'eau de javel et pulvérisez. Il faudra renouveler l'opération plusieurs fois et bien évidemment pas par temps de pluie, comme tous les traitements d'ailleurs...

M

LES RONCES DU JARDIN

Même si c'est agréable de ramasser leurs fruits, les ronces ne sont pas les bienvenues. Pour vous en débarrasser, coupez les branches pour trouver le pied, dégagez-le, déposez une belle poignée de gros sel et arrosez légèrement. Cela va faire son effet, mais pour que l'action soit encore plus nette, effectuez cette opération dite « en sève descendante » en automne.

TERRASSE ENHERBÉE

Voilà que les joints de dallage de votre terrasse sont garnis de brins d'herbe ? La bonne méthode pour les éliminer est d'utiliser l'eau de cuisson bouillante des pommes de terre ou des pâtes et d'arroser. Votre terrasse deviendra propre et surtout les dalles ne seront pas tachées.

UN BINAGE VAUT DEUX ARROSAGES

Le dicton du jardinier est toujours d'actualité : le binage aère le sol, permet une meilleure infiltration de l'eau et, en même temps, empêche la levée d'herbe. Alors, à vos binettes...

CHIENDENT ET LISERONS

Ils détestent les œillets d'Inde, plantez dans les endroits infestés, ils finiront par abandonner le combat. Si l'invasion est importante, renouvelez l'opération l'année suivante, il faudra planter une quinzaine d'œillets d'Inde au minimum par m^2.

Melon

À POINT LE MELON !

Pour être certain de récolter un melon bien mûr, attendez que la feuille qui correspond au fruit se flétrisse, à ce moment-là le melon devient plus lourd et son parfum se développe.

Menthe

LA MENTHE, UNE ENVAHISSANTE !

C'est peu de le dire : elle n'hésite pas à étouffer ses voisins les plus fragiles. La meilleure méthode pour la contenir, c'est de la cultiver en pot.

N'hésitez pas à vous lancer dans une collection de menthes. Démarrez-la avec une dizaine de variétés, vous diversifierez ainsi vos tisanes...

Mimosa

LE MIMOSA EN VASE

Pour mieux conserver votre bouquet de mimosa, mettez-le dans un vase rempli d'eau chaude plutôt que d'eau froide.

N

Noisette et noix

RÉCOLTE DE NOISETTES ANÉANTIES

Vous êtes déçu, la récolte de noisettes s'annonçait grandiose mais voilà qu'un petit insecte a anéanti tous vos espoirs. Dès le début de la formation de vos noisettes, ceinturez la base des troncs des noisetiers avec du papier journal que vous aurez tartiné de glue pour faire barrage aux envahisseurs ou appliquez du double-face pour les décourager.

Nashi

UNE POMME AU GOÛT DE POIRE

Ce n'est ni une pomme ni une poire et pourtant le nashi *(pyrus pyrifolia)* a la forme de l'une et le goût de l'autre. On lui a attribué plein de petits noms comme : pomme-poire, poire asiatique, poire cristal ou poire des sables.

D'abord chinois, 4000 ans avant notre ère, il est ensuite devenu japonais. Il est connu chez nous depuis les années 1980. C'est un fruit bourré de vitamine C, de potassium et de magnésium. Si l'aspect de sa peau paraît un peu rugueux, sa chair est juteuse et croquante, elle a un goût de poire avec une note d'ananas et de miel qui s'y ajoute. C'est un bel ingrédient dans une salade de fruits, mais il s'associe également très bien aux crudités telles que les carottes, le céleri ou les endives.

PLANTATION

C'est un arbre de taille moyenne qui produit très vite, en deux ou trois ans. En plus d'être original, il accepte d'être cultivé en pot. Certes la récolte peut être moindre, mais reste très acceptable. N'ayez aucune hésitation à planter un nashi, c'est arbre rustique qui peut résister à des températures de - 20 °C, préférez des situations ensoleillées et des terres non calcaires.

MATURITÉ ET VARIÉTÉS

La maturité se fait uniquement sur l'arbre. Une fois détachés, les fruits ne mûrissent plus. Selon les variétés, la maturité s'étale de juillet à septembre.

Kikusui : sa peau est brune, sa chair juteuse et, il se conserve bien. Il se cueille fin juillet-début août. Plantez un poirier William pour la pollinisation et préférez une variété auto fertile.

Nijisseiki : mûr fin août, sa peau est jaune, son fruit sucré et fondant.

Hosui : sa peau est bronze, sa chair sucrée et tendre. Il se récolte fin août-début septembre.

O

Œillet

BOUQUET D'ŒILLETS

Les œillets dureront plus longtemps en vase s'ils sont dans de la vraie limonade et surtout pas de la light. Changez-la tous les quatre jours.

Oignon

OCCUPEZ-VOUS DE VOS OIGNONS !

Les oignons blancs se mettent en place d'octobre à décembre, ceux de couleur d'octobre à avril. Plantez les deux types, ils n'ont pas le même goût.

POUR CHASSER LA MOUCHE DE L'OIGNON

Récupérez la suie de votre cheminée ou de l'aspirateur du ramoneur. Saupoudrez-en généreusement le pourtour de vos plants d'oignon. La recette est aussi valable contre la mouche du navet, et contre les petits insectes qui s'attaquent aux plantes comme les lys.

ÉVITER DE VOIR GERMER LA RÉCOLTE D'OIGNONS

Après les avoir bien fait sécher au soleil, supprimez les feuilles. Avant de les étaler sur des cagettes et pour éviter qu'ils n'entrent en végétation pendant le stockage, passez rapidement les racines au-dessus du feu de la gazinière. La végétation restera bloquée.

Oranger

EN BAC

En dehors de la fameuse zone de l'oranger, qui correspond aux zones méridionales, il doit être cultivé en bac. D'octobre à mai, il faut rentrer le bac dans une véranda ou le protéger. Pour cela, emmaillotez le pot avec un voile spécial oranger, emballez le tronc dans un fourreau de paille ou de journal et couvrez la partie aérienne avec un voile antigel. Attention il faut qu'avec toutes ces protections la température ne soit pas inférieure à - 7 °C pour que l'arbre résiste. Rappelez-vous aussi que ces plantes ne sont pas des plantes d'appartement et que si vous vous risquez à leur faire subir cet environnement : leur dépérissement, voire leur mort, sera assuré. Seule l'espèce d'oranger à petits fruits kumquat supportera ce lieu.

VARIÉTÉS

La plupart des orangers produisent maintenant des fruits sans que les fleurs aient été fécondées. Il faut bien entendu des variétés greffées pour obtenir une production de fruits. Ils sont généralement greffés sur du *Poncirus trifoliata*, il est très résistant au froid, il peut supporter jusqu'à - 10 °C. Je peux vous recommander les variétés suivantes : la Washington Navel, avec sa chair juteuse et pratiquement sans pépin, ou la Tardive Rouge, qui murit au printemps et est très juteuse. Les mandariniers se cultivant de la même façon que l'oranger, pourquoi ne pas vous laisser séduire par la Mandarine Satsuma ? Cette variété est résistante au froid jusqu'à - 6 °C, et sa culture se fait très bien en pot avec un hivernage en véranda au nord de la Loire. Ses fruits se récoltent à la mi-septembre.

Olivier

IL PRODUIT TOUT SEUL

À la différence de beaucoup d'arbres fruitiers, l'olivier n'a pas besoin d'être pollinisé par les insectes. L'olivier est dit « anémogame », c'est-à-dire que la pollinisation se fait uniquement avec le vent.

LA MOUCHE DE L'OLIVIER

Votre olivier jaunit, ses feuilles sont mates, c'est certainement la mouche. Suspendez aux branches des cartons jaunes ou orange enduits de glue. Les mouches viendront s'y coller les pattes. Rechargez les pièges si nécessaire avec de nouveaux cartons.

LA TAILLE DE L'OLIVIER

La taille de l'olivier s'opère au printemps, elle consiste à raccourcir les grandes branches, éclaircir l'intérieur de la houppe pour que la lumière entre bien au milieu des branches. Si en fin de saison de fines branches s'élèvent au-dessus, n'hésitez pas à raccourcir. C'est ce qu'on appelle la taille en vert, comme on la fait pour les arbres à pépins.

Orchidée

O

L'ORCHIDÉE DU PAUVRE

Il s'agit de l'*Iris Gremanica*, plante qui possède la palette de couleurs la plus importante, du blanc au noir en passant par toutes les autres nuances. Pour avoir une floraison assurée la saison suivante, l'iris se plante en juillet.

PAS SI DIFFICILES QUE ÇA, LES ORCHIDÉES

On les dit difficiles, il faut seulement un peu d'attention et c'est d'abord une question de température. Si votre maison ou appartement est bien chauffé, orientez-vous vers l'espèce *Phalaenopsis*. Si vous ne chauffez pas trop, les espèces *Cymbidium* et *Dendrobium*, supporteront les nuits fraiches, 10 °C minimum. Si les températures se situent entre les deux, les *cattleyas* conviendront. Dans tous les cas, des arrosages réguliers sont nécessaires ainsi que la vaporisation des feuilles avec de l'eau à température ambiante. Mettez de l'engrais avec l'arrosage une ou deux fois par mois.

L'ORCHIDÉE LA PLUS DOCILE

Je l'appelle l'orchidée des débutants. Il s'agit de l'espèce dénommée *Cymbidium*. Elle fleurit à partir de l'automne, la nuit 15 °C lui conviennent et le jour 20-22 °C sont parfaits. Coupez les tiges dès la floraison terminée, mettez-la au jardin durant la belle saison, cela lui donnera du tonus avant de refleurir.

LES SOINS AUX ORCHIDÉES

Effectuez toujours le rempotage après la floraison et il doit avoir lieu en automne ou en hiver. Un signe peut malgré tout donner l'alerte, c'est le noircissement des racines, là on ne s'occupe plus de la saison. La terre de rempotage s'appelle le *sphagnum*, genre de déchet de mousse décomposé.

COMMENT FAIRE REFLEURIR L'ORCHIDÉE ?

Pour son refleurissement, la condition essentielle est sa mise en repos obligatoire après la floraison pendant environ un mois, moins d'arrosages, pas d'engrais et un endroit plus frais. Pour déclencher une nouvelle floraison, mettez la plante dans une situation avec une nette différence, notamment de température.

DES FEUILLES D'ORCHIDÉE COLLANTES

C'est sûr, c'est une attaque de pucerons. Mélangez 3 cuillères à soupe de savon noir à 1 litre d'eau et pulvérisez. Le suc mielleux va être dissous et les pucerons avec ! Et en même temps, le voile gris qui recouvre les feuilles va disparaître.

CONTRE LES PUCERONS ET LES ACARIENS DE L'ORCHIDÉE

1 litre d'eau, 2 cuillères à soupe d'alcool à brûler, 1 cuillère à soupe d'huile de colza, une pulvérisation tous les jours pendant une semaine.

Outils et équipements

Si vous débutez votre jardin, inutile d'aller à la première jardinerie du coin et d'acheter toute une panoplie d'outils. Voilà ceux que vous devez avoir, choisissez-les en fonction de leur solidité et de leur qualité : une bêche, une brouette, un sécateur, un tuyau d'arrosage, un râteau, un sarcloir et un transplantoir. À cette liste, nous avons ajouté les outils servant à la taille puisque nous évoquons ce sujet dans cet ouvrage.

BÊCHE À FER PLAT

C'est l'outil de base d'un bon jardinier. Alors, offrez-vous ou faites-vous offrir une belle bêche, pour votre fête ou votre anniversaire, mais attention soyez exigeants sur le modèle. Si vous ne voulez pas vous y prendre comme un manche, ne prenez pas une bêche avec un fer qui ressemble à de la tôle et qui craquera dans le quart d'heure suivant sa première utilisation. Évitez cette «bêche de plage» et commandez une bêche avec un fer en acier forgé et un manche droit maintenu par un collier. On dit qu'une bêche bien emmanchée en vaut deux ! Bon malgré tout, durant votre carrière de jardinier vous casserez bien un ou deux manches.

BROUETTE

C'est un incontournable. La brouette transporte tout : les outils, la récolte, la terre, le compost et puis quel bonheur d'y installer les petits jardiniers et leur faire faire un tour de brouette. Le modèle en acier, dont on se sert sur les chantiers, n'est pas d'une grande élégance mais est léger. On peut lui donner un style en peignant dessus des fleurs, des fruits ou des légumes. Celle dite de «l'an 2000» est très appréciable grâce à sa légèreté avec son ossature en tube, sa roue en caoutchouc et ses ridelles en bois. Et puis bien sûr, si vous avez un petit brin de nostalgie, rien de tel que d'acquérir la vraie brouette de jardinier d'autrefois toute en bois avec sa roue à barreaux cerclée de fer, le grand luxe...

O

CISAILLE

Cet outil est uniquement, ou presque, utilisé pour tailler les haies. Il est équipé de deux lames droites plus ou moins longues. Évitez toutefois de prendre les plus longues qui peuvent atteindre 35 cm car vous aurez à faire des efforts de taille assez pénibles. Cet outil est de plus en plus remplacé par les taille-haies électriques. Pour une régularité de la haie, une cisaille doit être parfaitement affutée.

MOTOCULTEUR

C'est un outil indispensable si vous possédez une surface à cultiver importante, mais attention il est à proscrire d'office là où poussent les liserons, les chardons, le chiendent et les boutons d'or. En effet, si vous voulez multiplier par quatre ou cinq ces envahisseurs, il n'existe pas de meilleur moyen !

Alors pour vos terrains envahis de la sorte, prenez plutôt la bêche fourche et non la bêche pelle car celle-ci va couper les racines et ainsi multiplier la plante. Vous allez sortir une bonne quantité de racines qu'il ne faudra surtout ne pas mettre au compost mais brûler si c'est possible ou déposer en déchetterie. Et puis, entre nous, c'est un excellent exercice physique que de bêcher, alors ne vous en privez pas.

RÂTEAU À DENTS RIGIDES

Vous étalez, vous ramassez, vous aplanissez et puis, le coup de râteau dans l'allée du jardin, c'est la politesse du jardinier.

SARCLOIR

Il permet d'éliminer les mauvaises herbes.

SCIE ÉGOÏNE

Il en existe à lames droites ou à lames légèrement courbes. Les deux permettent de scier des branches de 5 à 6 cm de diamètre maximum. Pour une telle opération vous devez tenir d'une main la scie et de l'autre la branche à couper ; ceci évite que la branche ne bouge et surtout qu'elle éclate et que l'écorce ne parte en lambeaux. Pour un diamètre de branche supérieur à celui cité cidessus, l'emploi d'une tronçonneuse est préférable.

SÉCATEUR

Sachez qu'il existe des sécateurs pour droitiers et pour gauchers. Quel que soit le type de sécateur que vous utiliserez, il devra toujours être parfaitement affûté. Sur les sécateurs de marques, les lames usées peuvent être changées. Il vous faudra apprendre à vous servir de votre outil pour réussir vos tailles. Bien le tenir s'apprend, c'est assez simple.

QUELQUES CONSEILS

- Le sécateur à deux lames : il se compose d'une lame tranchante plate et rectiligne qui vient mourir après son mouvement sur une autre lame plus épaisse en forme de croissant. C'est cette lame en forme de croissant qui doit s'appuyer sur la partie de branche à supprimer et non l'inverse. Une coupe en biais est préférable afin de faciliter l'écoulement de la pluie.
- Le sécateur à manche : très souvent appelé «force», ses deux manches de 40 à 50 cm de longueur donnent plus de force et permettent de couper des branches de 3 à 4 cm de diamètre.
- Le sécateur (ou scie) ébrancheur, plus connu sous le nom d'échenilloir : il est conçu comme un sécateur (ou une scie) muni d'une douille pouvant s'emmancher sur une grande perche. Vous pouvez également en trouver des télescopiques. La lame qui effectue le mouvement est équipée d'un système comportant un anneau sur lequel est fixée une corde de la longueur de la perche permettant d'actionner à distance la lame de coupe. Avec lui,vous ne pouvez sectionner que des branches n'excédant pas 2,5 cm de diamètre. Cet outil permet de couper des branches hautes portant des cerises ou des prunes, quand il est impossible de les atteindre avec une échelle. Avec l'échenilloir vous pouvez aussi éliminer des branches et éclaircir ainsi la houppe d'un arbre.
- C'est le printemps et vous devez tailler les rosiers, les arbustes et les lames de votre sécateur sont rouillées. Coupez un oignon en deux et frictionnez-les bien, elles seront comme neuves.

TAILLE-HAIE

Il est constitué d'un moteur électrique ou thermique équipé de lames trapézoïdales tranchantes, fonctionnant en va-et-vient dans la rainure d'un peigne à dents étroites et fixes. C'est le même principe de fonctionnement qu'une faucheuse. Il s'agit d'un outil dangereux. Il est indispensable de bien maîtriser cette cisaille pour éviter des coupes totalement irrégulières avec des ondulations, des trous ou des bosses. Un apprentissage est souvent nécessaire avant de s'exercer sur une grande longueur.

LE TRANSPLANTOIR

Il peut servir à planter mais également à déplacer une plante.

TRONÇONNEUSE

C'est un outil devenu classique pour le jardinier. Elle est équipée d'un moteur à essence généralement à 2 temps, c'est-à-dire avec un mélange d'huile dosée

avec de l'essence. La coupe est assurée par une chaîne dans une rainure de guidage qui peut varier de 30 à 40 cm. Pour le jardinier une tronçonneuse avec la plus petite chaîne suffit puisque sa principale utilisation est de couper de temps en temps une grosse branche. Quand il s'agit d'abattre un arbre imposant ou de faire une opération de bûcheronnage, si votre expérience est très modeste, faites appel à un professionnel pour des raisons de sécurité.

QUELQUES CONSEILS

• Pensez à vérifier l'huile du carter toutes les demi-heures. C'est une huile spéciale dans laquelle circule la chaîne pour éviter qu'elle ne chauffe et qu'elle ne bleuisse suite à un travail ininterrompu. De même vérifiez régulièrement la tension de la chaine qui se règle par une vis appropriée.

• Lors du tronçonnage d'une grosse branche, pensez à faire une coupe sous la branche avant d'entamer le tronçonnage lui-même afin d'éviter l'éclatement. Je dirai même faites une première coupe à 30 ou 40 cm de l'endroit désiré, quitte ensuite à tronçonner plus court. Si vous devez couper au ras de la terre, souvenez-vous que la chaîne de la tronçonneuse ne doit jamais toucher le sol ou un caillou. Elle se «désaffûterait» immédiatement.

• Faites vérifier chaque année votre tronçonneuse par le spécialiste qui vous l'a vendue, c'est aussi un gage de sécurité.

• N'oubliez pas de mettre des lunettes de protection pour tronçonner. Utilisez des vêtements, des chaussures, des gants de protection, car un éclat de branche ou de la sciure peuvent provoquer de graves blessures. Munissez-vous également d'un protège bruit.

• Lorsque vous utilisez une tronçonneuse ne soyez jamais seul. Expérimenté ou non, un accident arrive très vite lors d'un moment d'inattention.

TUYAU D'ARROSAGE

Ne choisissez pas forcément le moins cher, prenez surtout un tuyau qui s'enroule bien.

L'ENTRETIEN DES OUTILS

Après utilisation, ne rangez jamais tous ces outils à lames, sans les avoir préalablement nettoyés. En effet, il pourrait rester sur les lames des œufs d'insectes nuisibles, du mycélium de champignon, voire de la sève.

Prenez un pinceau que vous trempez dans de l'alcool à brûler, il va dissoudre tout ce qui est resté sur les lames. Pendant la période de remisage, durant l'hiver notamment, badigeonnez les lames avec de l'huile.

Enfin, rangez bien tous les outils hors de portée des enfants. Certains sont tranchants et coupants, donc très dangereux. La surveillance doit être encore plus grande au jardin, ne laissez jamais les enfants les utiliser ; expliquez leur le danger en les manipulant.

LE BON ÉQUIPEMENT DU JARDINIER

Ne négligez pas votre équipement, qui se composera d'une bonne paire de gants de travail, de chaussures imperméables et de genouillères confortables.

LES OUTILS DU JARDIN

Inutile d'aller dévaliser la jardinerie du coin parce que vous débutez votre jardin. Une brouette, un arrosoir, une bêche, un râteau, une sarclette, un sécateur, un plantoir et vous êtes prêt à faire votre première expérience au jardin et rêver de vos premières récoltes...

DES GRAINES BIEN RANGÉES

Pour ranger les graines dans la cabane du jardin, collez une pince à linge sur une planche en bois accrochée au mur. Vous pourrez ainsi pincer un sachet de graines dans chaque pince.

BROYEUR À BRANCHES

Jouez la prudence, portez systématiquement des gants et des lunettes de protection lorsque vous utilisez un broyeur et c'est valable pour l'utilisation d'une tronçonneuse ou d'un taille-haie.

LA BROSSE À DENTS, UN OUTIL DE JARDINIER

Ne jetez plus vos vieilles brosses à dents. Utilisez le manche afin de faire de jolis trous pour accueillir les graines. Une fois que la graine est en place, utilisez la brosse pour la recouvrir avec la terre dans un joli mouvement de poignet.

LE LUMBAGO DU JARDINIER

Après avoir fait quantités de folies maladroites de votre dos au jardin, voilà qu'au moment de semer les petits pois, les radis, les haricots, impossible de vous baisser. Prenez le tuyau de l'aspirateur et il ne vous reste plus qu'à faire glisser les graines dedans puis un peu de terre et tasser avec le bout de votre pied.

PAS D'IMPRUDENCE !

Le terrain est meuble et vous devez monter sur un escabeau. Pour ne pas risquer de tomber dans les laitues, mettez sous les pieds de votre ustensile de

grosses boites de conserve. Cela ne veut pas dire que le risque est nul mais au moins, vous aurez pris des précautions.

LES TACHES BLANCHES SUR LES POTS DE TERRE

De temps en temps, des taches blanches apparaissent sur les pots, elles peuvent être dues au calcaire de l'eau d'arrosage. Pour les faire disparaître, trempez un chiffon dans du fromage blanc ou du yaourt nature et frottez.

POUR PROTÉGER LES OUTILS

Tartinez-les d'une bonne couche de vaseline ou d'anciennes huiles de cuisson.

POUR NETTOYER LES TUTEURS DE JARDIN

Avant de les réutiliser, désinfectez-les avec une solution d'eau de javel et d'eau : 1 berlingot pour 4 litres d'eau. Faites un brossage et laissez sécher vos tuteurs au soleil avant de les réutiliser au jardin.
Le bon moment pour faire ce nettoyage serait à l'automne, au remisage.

PRUDENCE AVEC VOS PIQUETS

N'oubliez pas de poser à l'extrémité de vos tuteurs à tomates des pots sur lesquels vous aurez peint des décorations. S'il s'agit de tuteurs en bambou, récupérez des coquilles d'escargots. Ce serait dommage de vous blesser.

DES COLLIERS DE TUTEURAGE

Vous venez d'acheter votre arbre en tige et le tuteur mais vous avez oublié le collier d'attache. Prenez des bas ou des collants, découpez-les en lanières, ça fera très bien l'affaire d'autant qu'ils s'étireront au fur et à mesure que l'arbre grossira.

APRÈS-SHAMPOING

Votre nouvel après-shampoing ne tient pas ses promesses ? Ne le jetez pas à la poubelle. Passez-en sur vos outils de jardin, cela évite la rouille.

POUR ÉVITER QUE ÇA COINCE

Une branche de votre pommier vous gêne et vous avez décidé de la couper. Avant d'entreprendre l'opération, frottez avec abondance la lame de votre scie avec de la vaseline, à défaut du beurre et peu importe qu'il soit salé ou non...

L'ODEUR DES BOTTES

Vous rentrez du jardin en vous déchaussant et l'intérieur de vos bottes vous renvoie des odeurs... Versez tout simplement quelques gouttes d'extrait de vanille dedans.

DÉSINFECTANT

Vous avez à la maison une bouteille d'alcool fort imbuvable. Trempez-y pendant une heure les lames de vos sécateurs ou cisailles, c'est un excellent désinfectant. À défaut d'alcool, alors peut-être avez-vous dans votre salle de bain du dissolvant pour vernis à ongles, cela fera l'affaire en passant sur les lames un coton imbibé.

LA MOUSSE À RASER

On devrait toujours avoir une bombe de mousse à raser dans la cabane de jardin. Vos mains sont sales ? Prenez une noix de mousse dans vos mains et frottez les taches avec. Toutes disparaissent en un clin d'œil et sans eau, un vrai miracle !

DES CONSEILS TOUT SIMPLES

Rangez les produits dangereux comme l'essence, l'alcool à brûler, le white spirit sur une étagère, hors de portée des enfants.Ne traitez pas un jour où il y a du vent. Ne laissez pas traîner les rallonges électriques. N'utilisez pas de taille-haie ou tronçonneuse lorsque vous êtes seul. N'allez jamais au jardin avec des sandales, des tongs ou des claquettes. Cela évite de se blesser les pieds avec une branche, un morceau de bois ou un piquet.

Oseille

DE L'OMBRE AU POTAGER

Plantez l'oseille à l'ombre car elle déteste le soleil. De plus, elle n'en sera que meilleure.

OSEILLE MOINS ACIDE

La saveur acidulée de l'oseille est parfois puissante. Pour l'atténuer, vous pouvez ajouter une pincée de sucre à l'eau de cuisson ou bien incorporer des feuilles d'épinard ou de laitue.

P

Pêche

LA CLOQUE DU PÊCHER

Pour ne plus voir les feuilles de votre pêcher cloquer, récupérez les coquilles d'œufs bouillies, disposez-les dans des petits filets que vous accrocherez dans les branches dès le mois de janvier.
Renouvelez l'opération tous les ans car l'effet ne se fera sentir qu'au bout de trois ans. Dans le même temps, plantez également des gousses d'ail au pied de votre pêcher.

MÊME PAS PEUR !

Si la pêche à chair blanche, jaune ou sanguine est la star de l'été, le pêcher lui aime les hivers froids puisque - 15 °C ne lui font pas peur. Un hiver doux peut même anéantir l'espoir d'une récolte. Pour favoriser le murissement vous pourrez détacher les feuilles près des fruits, le soleil fera le reste.

Permaculture

Cette forme d'agriculture vise à s'inspirer de la nature pour développer des systèmes agricoles en synergie, basés sur la diversité des cultures, leur résilience et leur productivité naturelle. L'objectif est de produire un environnement harmonieux, productif et durable en s'inspirant de la nature pour créer un écosystème comestible. Il s'agit d'utiliser la faune et la flore pour mettre en place un système en équilibre avec très peu d'intervention humaine, donc en quelque sorte de laisser faire la nature. Pour cela, il faut observer le terrain : zones ombragées, zones de soleil, zones exposées au gel, au vent, à l'eau stagnante. Vient ensuite l'élaboration du « design », c'est-à-dire l'aménagement du terrain : ce que l'on va mettre près de la maison (potager, le jardin d'aromatiques...) et plus loin (poulailler, verger, etc.). On laissera également un espace sauvage, où la nature reprendra ses droits.
Le principe sera des cultiver au-dessus du sol pour ne pas épuiser les ressources naturelles car en permaculture la terre n'est jamais retournée ou bêchée. On cultivera en butte faite de couches de compost, de déchets, de feuilles mortes, de tontes de gazon.

Les parcelles seront paillées avec du carton, des copeaux de bois, de l'engrais vert pour limiter l'arrosage. L'eau de pluie sera récupérée. On créera également des refuges pour les oiseaux et la petite faune.

Persil

PERSIL EXPRESS !

Si vous voulez voir vos graines de persil germer plus vite, trempez-les dans l'eau pendant 24 h, puis laissez-les sécher. C'est ainsi que la première peau, appelée tégument, sera ramollie et le germe sortira plus vite. Semez avec du marc de café sec, le semis sera bien réparti.

VITE, DU PERSIL !

Voici une méthode pour accélérer la germination du persil. Déposez 4 ou 5 graines de persil dans chacun des compartiments de votre bac à glaçons. Recouvrez d'eau et mettez au congélateur pendant une semaine. Attention ces glaçons ne doivent pas atterrir dans le verre de pastis ! Plantez les glaçons directement en terre et votre persil va gagner du temps pour lever.

LENT, LENT LE PERSIL À LEVER...

Pour faire germer le persil, parfois trois semaines sont nécessaires. Pour accélérer sa germination, plongez les graines dans de l'eau bouillante. Cela va ramollir l'enveloppe extérieure de la graine qui est très dure. Vous avancerez ainsi la germination et la levée. L'histoire nous dit qu'autrefois, les semis de persil étaient injuriés tous les jours pour accélérer leur levée. Je vous laisse le soin d'expérimenter cette méthode...

Petit pois

LES FANES DE PETITS POIS

Ne les détruisez pas, elles sont bourrées d'azote. Faites un bêchage et enfouissez-les. Un conseil, ne plantez pas d'échalotes à côté des pois, ils ne se supportent pas.

Pissenlit

PISSENLITS DANS LA PELOUSE

C'est joli quand c'est en fleur mais... Pour les éliminer, il y a la gouge à asperge qui permet de tirer les racines profondément accrochées, ou sinon vous pouvez pulvériser du vinaigre blanc pur sur le cœur du pissenlit.

Pivoine

MAGIQUE, UNE PIVOINE

Réfléchissez bien avant de planter une pivoine, un lieu ensoleillé ou mi-ombré mais pas sous un arbre. C'est une solitaire, cependant elle aime bien la compagnie des fraisiers.

Elle va être installée pour des années et sachez qu'il va lui falloir trois ans pour vous offrir une belle floraison car voilà, vous ne l'avez pas vu fleurir la première année alors vous la déplacez et le cycle de trois ans repart. En fait votre pivoine peut faire le tour du jardin avant que vous ayez vu une fleur...

Plantation

VOUS AVEZ DIT « POQUETS »

Semer par poquets signifie tout simplement semer par petits groupes de graines, entre 3 et 6 généralement.

JOUR SANS R

En consultant de vieux almanachs, vous verrez qu'il était conseillé de semer les plantes annuelles les jours sans R, soit le lundi, le jeudi, le samedi et le dimanche et si l'on vous pose la question, pourquoi ? Vous répondrez que vous n'en savez rien ! Sinon que c'est un dénommé Mortimer qui aurait confié ce secret sur son lit de mort, rien ne vous empêche d'essayer... de semer !

DES VIEILLES GRAINES

Comment savoir si des graines sont bonnes ? Plongez-les dans un bol d'eau froide : si elles coulent, elles sont bonnes ; si elles flottent, c'est terminé, il n'y a plus rien à en tirer.

DE GRÂCE, ÉVITEZ-LEUR LE STRESS

On a souvent des printemps froids, aussi semez vos tomates, aubergines, courges, poivrons en godets à la maison. Plantez-les au jardin quand la température ne sera plus en dessous de 12 à 14 °C.

Vous n'aurez pas perdu de temps et cela leur évitera un traumatisme.

NE PAS LEUR FAIRE ATTRAPER UN CHAUD ET FROID

L'eau froide sur des jeunes semis ou des jeunes repiquages leur est défavorable. Remplissez un grand bac d'eau ou des arrosoirs pour qu'elle se réchauffe à la température ambiante C'est sûr, vos jeunes semis ou plantules vont apprécier votre geste à leur égard.

LA TERRE DES TAUPINIÈRES

Ramassez les petits monticules de terre, mélangez-les à du terreau pour le remplissage de vos jardinières ou de vos pots. Vous pourrez aussi recouvrir vos semis de cette terre très bien travaillée par les taupes.

DÉCOUVRIR LA NATURE EN S'AMUSANT

Les enfants adorent voir les plantes pousser. Pour les plus impatients, déposez dans une assiette du terreau très fin que vous allez humidifier légèrement et semez des graines de cresson.

Dès le lendemain, vous verrez déjà les petites plantules montrer le bout de leur nez. Quelques jours plus tard, vous pourrez même faire la première cueillette aux ciseaux pour accompagner l'omelette.

LA LOI C'EST LA LOI

Avant de planter une haie ou un arbre dans votre jardin, respectez bien les distances de plantation. Si votre plantation ne dépasse pas 2 mètres, vous pouvez planter à 50 cm de votre limite de propriété ; si la hauteur dépasse 2 mètres, ce sera à 2 mètres de la limite de propriété.

UN POTAGER SUR LE BALCON

Cela demande plus d'attention que des jardinières de fleurs. Il faut des arrosages quotidiens et des apports d'engrais. Prévoyez le plus possible de bacs. Tomates, concombres, poivrons, laitues à couper, fraisiers y poussent facilement, contrairement aux légumes racine comme les navets, céleris, carottes qui ne sont pas adaptés pour le balcon, sauf les radis.

Plantes d'intérieur

On a longtemps affirmé que les plantes d'intérieur étaient néfastes pour la santé, or aujourd'hui des études scientifiques prouvent à l'inverse qu'elles sont bénéfiques. Fini le temps où elles étaient interdites dans les chambres à coucher sous prétexte qu'elles absorbent de l'oxygène en rejetant de l'oxyde de carbone. Pourquoi ce revirement ? En fait, nos plantes d'intérieur sont dépolluantes et créent une atmosphère sereine et apaisante. Certaines plantes absorbent la fumée de cigarette. Ainsi, le Chlorophytum, le bananier nain, le Sansevieria, le Syngonium, le Spathiphyllum, le Peperomia rééquilibrent l'atmosphère polluée, y compris par le fonctionnement des appareils électriques.

À ces bienfaits, s'ajoutent évidemment leurs qualités esthétiques. La beauté de leurs feuilles ou de leurs fleurs, parfois si impressionnantes et surprenantes, nous procurent un réel plaisir et du bien-être.

Alors pour les remercier de prendre soin de nous, voici quelques petits trucs :

D'abord il n'existe pas de période privilégiée pour acheter une plante d'intérieur, c'est quand vous en avez envie.

Attention aux courants d'air, des portes qui s'ouvrent souvent sont néfastes aux plantes.

Attention à l'espace que vous allez lui réserver, une grande plante va vouloir de la liberté autour d'elle.
Soyez attentifs à la lumière, qui est un élément indispensable à la vie d'une plante. Veillez à lui offrir suffisamment de lumière en évitant la lumière directe : ne placez jamais une plante derrière une vitre au soleil.
Certaines plantes sont toxiques, alors veillez à ce qu'elles ne soient pas à la portée des enfants. Il faut savoir rester sage et préserver la santé.
Certaines plantes ont des branches fragiles, aussi évitez de les installer où il y a souvent du passage.
Les plantes d'intérieur idéales sont celles qui s'adaptent le mieux à la température d'une maison ou d'un appartement. Si la plupart d'entre elles demande une température entre 18 et 20 °C, cela ne veut pas dire que certaines ne supporteront pas une température supérieure à 20 °C. Il faudra simplement surveiller plus attentivement leur besoin en eau.
Si les feuilles de votre plante jaunissent et rebiquent vers le bas, elle souffre de la chaleur. Alors, éloignez-la du radiateur ou de la cheminée.
Nettoyez une fois par mois les feuilles de vos plantes vertes avec un coton hydrophile et utilisez pour cela une bière sans alcool, les feuilles vont briller et vous aurez enlevé la poussière, ce qui leur permettra de mieux respirer.

Beaucoup de feuilles et pas de fleur, ce sont des signes qui ne trompent pas, vous avez la main trop lourde sur l'engrais. Réduisez la dose de moitié et surtout pas d'engrais l'hiver pour les plantes d'appartement. La terre des plantes d'intérieur s'assèche et durcit assez rapidement. Dans ce cas, versez quelques gouttes d'huile d'olive directement sur la terre, qui va s'ameublir favorablement pour le bien-être de la plante.

L'ARROSAGE

Arrosez vos plantes avec de l'eau du robinet qui aura pris la température ambiante de votre intérieur. Pour cela laissez l'eau se réchauffer pendant une nuit dans un seau et pulvérisez-la le lendemain. Si votre eau est calcaire, au moment du tirage, mettez quelques gouttes de vinaigre par litre d'eau, elle retrouvera sa neutralité. Pour la très grande majorité des plantes, l'eau de pluie, quand cela est possible, est idéale. Laissez-la aussi se

réchauffer plusieurs heures avant d'arroser. Les plantes d'intérieur ont besoin d'humidité dans l'air. Dans une pièce bien chauffée où l'air est sec, les plantes souffrent, n'hésitez donc pas à pulvériser de l'eau sur le feuillage 2 à 3 fois par semaine. Un mauvais arrosage est la cause, dans la grande majorité des cas de dépérissement. La pointe des feuilles de votre végétal devient marron et en plus les feuilles jaunissent, tombent. L'arrosage n'est pas au point, revoyez cela certainement à la baisse, à moins que ce ne soit l'inverse...Alors dosez bien !

ARROSAGE COPIEUX

Il convient aux rares plantes qui apprécient d'être cultivées dans un terreau humide voire détrempé, comme le papyrus ou les espèces vivant dans les marécages. Les arrosages doivent être fréquents en période chaude, tous les jours ou tous les deux jours et, la quantité d'eau apportée importante. Attention, ces végétaux demandent souvent plus de modération dans l'arrosage en hiver et une ambiance froide.

ARROSAGE ASSEZ COPIEUX

Il concerne de nombreuses plantes originaires des forêts tropicales humides. Elles apprécient en période de croissance un terreau en permanence légèrement humide, mais jamais d'humidité stagnante. Il faut souvent arroser, jusqu'à deux ou trois fois par semaine en période chaude estivale, en laissant sécher le terreau entre les apports d'eau. Un à deux arrosages suffiront en fonction de la température ambiante.

ARROSAGE MODÉRÉ

Il réussit à toutes les plantes vertes qui s'adaptent facilement à nos intérieurs, comme les misères, les chlorophytum, à arroser jusqu'à deux fois par semaine en plein été, pas plus d'une fois par semaine en hiver. Laissez toujours le terreau sécher entre deux apports d'eau.

ARROSAGE PARCIMONIEUX

Il convient surtout aux cactus et aux nombreuses plantes grasses qui sont très sobres, aptes à résister à la sécheresse. Dans ce cas, il faut à peine mouiller la motte en été ou lorsque la température est élevée et, la laisser sécher en profondeur avant d'arroser à nouveau. En hiver, si la température est fraîche un arrosage léger toutes les deux à quatre semaines leurs suffira._Si vous vous absentez quelques jours, certaines de vos plantes risquent de tirer la langue. Une solution : mettez votre pot dans un pot plus grand que vous comblerez avec du sable que vous allez mouiller et ce grand pot, posez-le dans une bassine.

BOUTURAGE

S'il vous venait l'envie de bouturer une plante, sachez que cela ne va pas fonctionner pour toutes. Le bouturage le plus simple pour les lierres, les misères, les papyrus, les pothos se fait grâce à la méthode de multiplication :

- Choisissez quelques jeunes pousses vigoureuses, parfaitement saines, aux belles feuilles, coupez-les à 10-15 cm de longueur.
- Immergez votre bouture sur environ la moitié de sa longueur dans l'eau et supprimez les feuilles qui seront en contact avec l'eau.
- Vous aurez probablement mis de l'eau dans un verre ou un pot à confiture. Placez-y un petit morceau de charbon de bois pour que l'eau reste propre.
- Mettez éventuellement un morceau de papier alu que vous aurez percé pour maintenir la bouture.
- Remplacez l'eau lorsqu'elle est trouble.
- Dès que vous apercevez de petites racines assez longues, rempotez dans un petit pot avec moitié terreau moitié sable.

Le bouturage ne marche malheureusement pas à tous les coups. Vous allez peut-être faire des erreurs, mais le temps, l'observation, l'expérience feront de vous, petit à petit, un jardinier d'intérieur.

Poires

CONSERVATION DES POIRES

C'est vrai qu'il faut souvent se dépêcher de consommer les poires, avant qu'elles ne deviennent un peu marron. Pour conserver vos poires (que vous aurez cueillies et non ramassées!), il faut les stocker dans un local sec, sans lumière, à une température comprise entre 10 et 12 °C, rangées côte à côte sur des rayons avec la queue en l'air. Pour allonger leur durée de conservation, à la maison posez-les la queue en l'air dans une assiette. Si vous en avez un stock, trempez la queue dans de la cire ou de la paraffine, conservez-les ainsi la queue en l'air, vous allez voir, c'est magique.

AU VERGER

Le poirier apprécie naturellement les terres riches, lourdes voire avec un peu de fraîcheur. Il déteste les courants d'air d'autant que ses fleurs apparaissent souvent en avril, période où les gelées sévissent encore. Tout comme les pommiers, les variétés de poirier ne se comptent plus. Si les Conférence, Comtesse de Paris, Passe Crassane, Angélys sont de grands classiques, je vais vous indiquer des variétés moins connues que je considère comme intéressantes au verger.

LA CUISSE MADAME est une véritable antiquité, puisque découverte en 1600 ! Son fruit est de couleur vert clair avec des reflets rouges clair. Sa chair est légèrement aigrelette mais sucrée et parfumée. Une variété à faire revivre, d'autant qu'elle murit en juillet.

LA LOUISE BONNE D'AVRANCHE, appelée aussi Bonne Louise, date de 1780. Sa chair est blanche, fine, parfumée, juteuse et fondante. On la récolte dès le mois d'août. Elle est excellente en salade de fruits. Attention, elle est très sensible à la tavelure.

L'ALEXANDRINE DOUILLARD a été découverte par hasard avec un semis en 1849 par un architecte nantais, qui lui a donné le prénom de son épouse. Le fruit est gros, jaune lavé de rouge. Sa chair est sucrée et délicieuse, sa récolte fait en septembre-octobre.

LA BEURRÉ CLAIRGEAU : les beurrés font parties des poires les plus délicieuses. Elles sont nombreuses, celle-ci produit un fruit jaune citron lavé de rouge vermillon. Sa chair est fine, fondante en bouche, sucrée et possède un délicat parfum. Elle se récolte dans la dernière quinzaine de septembre.

LA TAILLE

C'est très simple, reportez-vous p. 135 et vous devriez réussir vos récoltes.

À CONSOMMER RAPIDEMENT

Les variétés de poire d'été doivent se consommer sans délai. Celles récoltées en automne peuvent être conservées en fruitiers et seront consommables, selon les variétés, de novembre à avril.

Poireau

L'EMBONPOINT DES POIREAUX

La bière est la boisson préférée des poireaux, donc en cours de saison, une fois par semaine, donnez-leur de bonnes rasades de bière pour les stimuler. Peu importe qu'elle soit blonde, brune ou ambrée. Ce qui compte ce sont les « bonnes pintées » ! Et pas d'inquiétude, le goût du poireau restera celui du poireau !

MOINS DE SOUCIS AVEC LES POIREAUX

Pour éviter l'invasion du ver du poireau, piquez en même temps des soucis dans les rangs.

Poivron

TROIS OU QUATRE BOSSES

Crus ou cuits, je vais vous parler des poivrons. Vous les aimez crus, alors prenez ceux qui ont trois bosses, ils sont plus sucrés. Vous voulez préparer une ratatouille, préférez ceux qui en ont quatre, ils sont plus fermes et meilleurs cuits.

Pollen et nectar

VIVE LES INSECTES POLLINISATEURS

N'hésitez pas à planter des fleurs dans votre potager pour une meilleure pollinisation. Installez des pois de senteurs, des cosmos, de la lavande, des asters et même des arbres à papillons, il en existe des variétés naines.

ÔTER LE POLLEN

Vous venez de couper un bouquet de lys venus tout droit du jardin et du pollen s'est collé sur votre chemise. Surtout ne frottez pas, n'essayez pas de l'enlever, prenez un morceau de scotch, posez-le sur le pollen et décollez. Le pollen restera sur la partie collante.

UNE ENVIE DE PAPILLONS

On a tous envie de voir virevolter les papillons dans son jardin. Certains ont de belles couleurs fantaisistes et ils sont d'excellents pollinisateurs. La loi de la nature est cruelle car ce sont aussi d'excellents repas pour les oiseaux... Le nectar des plantes les attire, surtout celui de celles qui sont colorées, le blanc ils aiment moins. Pourquoi ? Mystère.

P

Pommes

DES POMMES PRESQUE TOUTE L'ANNÉE

Tous les amateurs de pommes savent qu'il y en a pour tous les goûts et de plus il en existe de toutes les couleurs. On trouvera les pommes à couteau, à cidre, à jus et même à cuire. Le choix des variétés est immense puisque 10 000 variétés sont recensées dans le monde. Alors pour éviter de vous torturer à trouver les variétés idéales, je vous propose plutôt de planter des pommiers en fonction de l'époque de maturité ce qui vous permettra d'avoir un échelonnement de dégustation pouvant aller de juillet à avril.

MATURITÉ EN JUILLET

LA POMME DES MOISSONS DITE AUSSI POMME SAINT-GERMAIN. De couleur jaune, striée, parfumée, juteuse. Vous pourrez bien sûr la croquer mais elle est aussi très rafraichissante en compote ou en salade de fruits. Elle ne se conserve pas, il faudra donc la consommer rapidement.

LA TRANSPARENTE BLANCHE est un bon gros fruit jaune très clair, avec une chair fondante et parfumée. Utilisée en tarte et en compote, son parfum est toujours existant après cuisson. Là aussi il faudra la consommer rapidement, sa conservation étant incertaine.

MATURITÉ EN AOÛT

LA CALVILLE D'AOÛT a la peau jaune avec de légers reflets roses. Sa chair est fondante, acidulée et très parfumée. Sa maturité va s'échelonner jusqu'en septembre. Elle est fine en bouche et délicieuse en compote.

LA TRANSPARENTE DE CRONCEL est un gros fruit jaune lavé de rose au goût parfumé, très juteuse et sucrée. Pomme à croquer, en tarte, en compote, elle gardera toujours sa belle saveur. C'est une variété rustique qui a des vertus pollinisatrices.

MATURITÉ EN SEPTEMBRE

LA REINE DES REINETTES possède une saveur et un goût très particulier. Sa chair très ferme, sucrée et fondante en font une pomme à croquer avec sa jolie peau orangée striée de rouge ; elle est aussi délicieuse en salade de fruits et en pâtisserie notamment pour réaliser la célèbre tarte Tatin.

LA SANS PAREILLE DE PEASGOOD est une pomme très grosse, bien ronde et lourde. Il faut donc éviter qu'elle tombe de l'arbre. Elle mûrit à partir du 15 septembre et peut se conserver jusqu'à la fin novembre, si elle a été cueillie. Excellente en tarte, en compote et à croquer avec son goût fleuri.

MATURITÉ DE FIN NOVEMBRE À FÉVRIER

LA BELLE FLEUR JAUNE a un peu la forme d'un citron avec sa belle couleur jaune teintée d'orange. Sa chair est croquante, très douce et juteuse. L'allure de la ramure de l'arbre est un peu ornementale avec ses branches retombantes et ses feuilles lustrées. C'est un arbre décoratif au jardin. Excellente en pomme à couteau et en salade de fruits, elle se conserve bien jusqu'en février.

LA COX ORANGE fait partie des grands classiques chez les jardiniers. Superbe pomme à la peau lisse jaune striée de rouge cerise, sa chair est tendre et fine, sucrée, agréablement parfumée. Veillez à la récolter avant les gelées, stockez la en fruitier, vous pourrez ainsi la déguster jusqu'en février, en pomme à couteau et crumbles !

LA POMME FARO est un peu aplatie, entièrement de couleur rouge sang. Cette variété donne assez régulièrement des fruits siamois, c'est-à-dire deux pommes collées l'une à l'autre. Sa chair est tendre, juteuse et sucrée. Sa floraison est tardive et peut parfois éviter les gelées. Elle murira en fruitier dès décembre et pourra se consommer jusqu'en avril.

LA REINETTE GRISE DU CANADA est une célébrité du verger, qui n'a pas un bel aspect avec sa peau rugueuse, couleur kaki marron. Les fruits sont un peu difformes. Ne vous fiez pas aux apparences car sa chair est fine tendre et fondante, sucrée, finement acidulée, parfumée et juteuse. Récoltée vers la mi-octobre vous pourrez toujours la déguster crue ou en pâtisserie en avril. Pour augmenter la production la présence d'un pommier Golden ou d'un Cox Orange sera bénéfique.

VARIÉTÉ DE LONGUE CONSERVATION DE FIN D'HIVER

GROS LOCARD : cette variété est rustique et vigoureuse. Le fruit est gros, voire très gros, de couleur jaune pâle avec de timides reflets rouges. La chair est blanche très ferme, juteuse mais peu sucrée. C'est un excellent fruit à cuire. C'est une variété qui se conserve pratiquement jusqu'en avril avec une maturité qui débute en décembre. Vous noterez que la floraison est tardive.

LE MELROSE a une floraison tardive et a besoin de pollinisateurs comme les pommiers Golden, Reine des Reinettes. Il est peu sensible à la tavelure. Son fruit est gros de couleur rouge, lavé de jaune, sa chair est ferme, fine et juteuse, elle a un léger parfum de rose. Excellente pomme à couteau, elle peut presque se conserver jusqu'au 1er mai.

REINETTE ANANAS : elle n'est sensible à aucune maladie, seuls les pucerons l'apprécient. La couleur du fruit d'un ton vert tendre n'exclut pas sa qualité, croquante, acidulée, juteuse, avec un léger parfum d'ananas. Elle est bourrée de vitamine C. Elle est utilisée comme pomme à couteau, en pâtisserie et en jus. Sa pollinisation se fera avec un belle Fleur Jaune ou une reine des reinettes. Sa récolte débute en novembre et pourra vous emmener à la consommer jusqu'à fin mars, voire plus.

REINETTE D'ORLÉANS : Son fruit rond et aplati est jaune lavé de rouge et ressemble un peu à la Belle de Boskoop. Son fruit est savoureux, sucré, tendre, finement parfumé avec une chair jaune. Elle peut être consommée aussi bien crue que cuite. La récolte se fait dès la fin octobre, sa maturité se prolonge jusqu'à fin mars.

WINTER BANANA : avec son port étalé, vous pourriez presque en faire un arbre d'ombrage. Son fruit très gros de couleur rouge groseille mêlé d'une touche de jaune tendre est fondant et bien sucré. Son goût est musqué, il est tendre et subtilement parfumé de banane. Sa production sera assurée avec des pollinisateurs tels que Cox Orange et Reine des Reinettes. La récolte se fera début octobre et la consommation des fruits courant novembre. C'est une variété qui plaît beaucoup aux enfants pour être croquée, mais elle est aussi excellente pour la pâtisserie et au four.

Bien évidemment je pourrais encore vous lister des dizaines et des dizaines de variétés. Mais toutes celles que je vous ai citées sont un peu mes préférées et surtout elles ont la particularité d'être peu connues et apporteront de l'originalité à votre jardin.

Je sais, vous êtes en train de vous demander où dénicher ces anciennes variétés ? Certaines ne seront trouvables que chez des pépiniéristes spécialisés dans la production de variétés anciennes. Il faudra

forcément passer votre commande tôt en saison pour être assuré d'être servi.

CONSERVATION DES POMMES

Pour conserver vos pommes (que vous aurez cueillies et non ramassées !), il faut les stocker dans un local sec, sans lumière, à une température comprise entre 10 et 12° C, rangées côte à côte sur des rayons avec la queue en bas. Vérifiez en permanence que la pourriture ne s'installe pas.

ACTIVER LA MATURATION DES POMMES VERTES

Elles murissent plus rapidement si vous les enfermez dans un sac plastique perforé à quelques endroits. Les trous facilitent la circulation de l'air et le plastique maintient le gaz éthylène qui aide les fruits à mûrir.

DES POMMES AU GOÛT D'ANANAS

Vous n'allez pas me croire, je vous donne le secret ! Récoltez des fleurs de sureau, enfermez-les dans une boîte hermétique, les fleurs vont donc sécher. Prenez une boîte en bois, disposez une couche de fleurs de sureau séchées, une couche de pommes, faites cela sur quatre ou cinq lits et terminez par les fleurs. Fermez la boîte hermétiquement, entreposez-la dans un local frais et sec.

Deux mois après, vous pourrez consommer vos pommes et miracle, ce sera comme si vous mangiez de l'ananas.

Pomme de pin

CONNAÎTRE LA MÉTÉO

En vous promenant en forêt, ramenez une ou deux grosses pommes de pin. Laissez-les à l'extérieur. Si elles sont ouvertes, elles vous annoncent du beau temps ; si elles sont fermées, c'est qu'il va pleuvoir.

Pomme de terre

PLANTATION DES POMMES DE TERRE

La question se pose chaque année. Les lilas sont en fleurs ? Alors c'est le moment de planter. Le temps qu'elles montrent le bout de leur nez, les gelées auront disparu.

L'INVENTION D'EUGÈNE POUBELLE

La poubelle est idéale pour planter les pommes de terre sur le balcon. Enterrée dans le jardin, elle est très efficace pour empêcher de s'évader bambous ou autres colonisateurs. Dans les deux cas, n'oubliez pas de les percer.

CONTRE LES DORYPHORES

Pour repousser ces envahisseurs, semez de la coriandre entre vos plants de pomme de terre, sa puissante odeur décourage de nombreux insectes.
Pour les chasser de vos pommes de terre, plantez dans les rangs des haricots, des capucines ou des choux.

À CHAQUE VARIÉTÉ SON UTILISATION

Avant de planter, sachez ce que vous voulez faire avec vos pommes de terre ! Amandine sera pour la raclette, la Bintje pour la purée, la Belle de Fontenay pour les pommes sautées, la Charlotte pour les salades froides, la Vitelotte pour les frites et les chips, Manon sera pour la soupe, la Ratte pour les pommes vapeur, Monalisa ira très bien dans les ragoûts et la Samba pour les gratins.

DES PATATES DÉBROUSSAILLEUSES

Vous venez d'acquérir un terrain envahi de mauvaises herbes ? Pas d'hésitation, plantez des pommes de terre, ce sont de vraies fées du logis. En effet, leur épais feuillage et leur gourmandise désactivent la végétation indésirable. Si le terrain est véritablement sale, n'hésitez pas à renouveler l'opération l'année suivante.

POMME DE TERRE GERMÉES

Pour éviter que vos pommes de terre ne germent, saupoudrez de cannelle les tubercules, qui auront été entreposés dans un lieu sec.

ANTIGERMINATION DES POMMES DE TERRE

Vous venez d'acheter votre petit sac de pommes de terre. Pour éviter de les voir germer, mettez une pomme dedans, la variété golden ira très bien.

DES VERS BLANCS DANS VOS POTS

Disposez des quartiers de pomme sur la terre de vos pots. Les vers blancs en sont friands, ils préfèreront le fruit plutôt que l'intérieur de la tige de vos plantes.

Prêle

COMMENT SE DÉBARRASSER DE LA PRÊLE ?

Elle se développe dans les terres acides, épandez de la chaux à raison de 30 grammes au m^2.

Prune

LA DÉFENSE NATURELLE DES PRUNIERS

Observez la peau de vos prunes, elles ont en général, un petit duvet blanc appelé « pruine », qui a donné son nom au fruit. Ce sont de fines paillettes naturelles de cire que la prune produit pour se protéger des agressions extérieures. La présence de ce duvet est signe de bonne santé, ne le frottez surtout pas. De plus, cette cire favorise le glissement de l'eau, permettant ainsi au fruit de ne pas pourrir à cause de l'humidité.

DE MULTIPLES VARIÉTÉS

Ce sont des arbres fruitiers rustiques et vigoureux souvent sans problème. Ils se plaisent dans tous les coins de France quelque soit la nature du sol en évitant tout de même les terres sablonneuses. La diversité de leur forme ou de leur couleur est à l'image de la saveur de leurs fruits. Il y a les quetsches aux fruits violets foncés, les mirabelles, celles de Metz ou de Nancy, à l'origine d'un célèbre digestif revendiqué par la région Alsace-Lorraine. Vous connaissez certainement la célèbre reine-claude, mais saviez-vous que son nom lui vient de Claude de France, fille de Louis XII et épouse de François 1er.

Dégustez des prunes sur l'arbre, vous les fendrez en apportant un peu de sucre : un véritable régal au jardin !

ÉVITEZ LA CASSE !

La récolte s'annonce prometteuse ? Prenez peut-être la précaution au moment de la fructification d'étayer les branches du prunier pour éviter leur éclatement sous le poids des fruits.

LA BONNE TAILLE

La taille du prunier s'effectue en hiver. Il s'agira d'une taille d'équilibrage des branches, de la suppression de branches mortes et fines à l'intérieur du houppier. N'hésitez pas précisément à l'aérer, il aime la lumière du printemps et tout autant pendant la période de production pour favoriser la maturité des fruits.

Potager : préparer le terrain

LE BÊCHAGE

LE BON GESTE

Pour préparer votre potager, vous devrez vous munir d'une bonne bêche et d'une brouette. Même si le jardinage est une activité de détente, jardiner n'est pas anodin sur le plan physique. Le bêchage est un exercice qui fait travailler beaucoup de muscles, mais ne doit aucun cas cela se solder par des douleurs lombaires. Quels que soient l'âge du jardinier et la taille de son jardin, il lui faudra adopter les bonnes positions et les bons gestes.

Sinon, bonjour les lombaires !

Alors, comment s'y prendre pour bien bêcher ? Il faut enfoncer verticalement la totalité du fer de la bêche dans le sol en pesant sur le rebord (vous portez bien sûr des chaussures à semelles renforcées), ensuite tirez le manche vers soi pour ébranler le sol, puis pliez les genoux et se redressez en levant les bras pour soulever la motte et la retourner. Les muscles des bras et des jambes sont sollicités et c'est un excellent exercice de gymnastique à consommer sans modération... Bien sûr vous allez sentir une légère courbature le lendemain, mais l'exercice est tellement bienfaiteur pour la santé que vous y prendrez goût très rapidement.

LA TECHNIQUE

Ouvrez une tranchée de la profondeur de votre fer de bêche et de 20 cm de largeur sur 1 mètre de longueur, déposez la terre dans votre brouette. Cette tranchée s'appelle une « jauge ». Commencez par entailler une dizaine de centimètres de large en forçant sur votre bêche avec le pied. Vous retournez la terre en progressant le long de votre tranchée que vous parcourrez en va-et-vient de gauche à droite ; votre main gauche sert de niveau et la droite est positionnée à l'extrémité du manche et fait levier pour retourner votre bêche. Lorsque votre parcelle est bêchée, il vous reste donc une jauge à l'arrivée qui est comblée par la terre stockée auparavant dans votre brouette. N'oubliez jamais que bêcher est un art.

P

ENGRAIS VERTS

ENRICHIR SON TERRAIN NATURELLEMENT

Les engrais vert sont des plantes que l'on sème dans les espaces inoccupés du jardin ou du potager pour fertiliser le sol. Ils sont riches en éléments nutritifs, respectent l'équilibre du sol et améliorent naturellement sa texture.

Ces plantes enrichissent le sol en apportant de la matière organique et des sels minéraux qui favoriseront le bon développement des plantes avec un bon équilibre du milieu naturel. Certaines espèces, notamment toutes celles appartenant à la famille des légumineuses comme le trèfle, la luzerne, le lupin apportent une grande quantité d'azote, très utile pour le bon développement des légumes-feuilles comme les épinards, les salades, les choux...

Les engrais verts évitent également le lessivage des sols par les intempéries, leurs racines servant un peu de crampons. Ils protègent également le sol car ils forment une couverture végétale qui évite que le sol ne croûte. Ils décompactent aussi le sol en profondeur et permettent l'aération des terres lourdes.

Enfin, ils favorisent la biodiversité. Leur végétation foisonnante et florifère va attirer rapidement la petite faune environnante, notamment les bourdons et les papillons qui deviendront les pollinisateurs de vos légumes ou de vos fruits.

COMMENT SEMER UN ENGRAIS VERT ?

C'est simple, préparez le sol comme si vous vouliez semer du gazon : griffez et nivelez le sol, semez à la volée, en respectant les dosages mentionnés sur l'emballage. Tassez le sol avec un rouleau puis arrosez afin de maintenir la terre fraîche et cela jusqu'à la levée.

Le semis peut se faire à différentes périodes de l'année, quand le terrain est libéré. On choisit l'espèce en fonction de l'époque.

Au printemps : féverole, lupin, phacélie, sarrasin.
En été : féverole, phacélie, lin...
En automne : trèfle incarnat, luzerne, moutarde...
Et puis si vous ne tombez dans aucunes de ces époques, il sera toujours temps de semer du ray-grass ou du trèfle blanc.
Fauchez votre engrais juste avant la fin de la floraison. L'idéal serait un broyage pour favoriser une décomposition plus rapide, il conviendra malgré tout de laisser la coupe sécher pendant une quinzaine de jours. Ensuite enfouissez toute cette matière, à la motobineuse ou avec un bon bêchage, la nature fera le reste.
Aujourd'hui les engrais verts font leur grand retour au jardin, une façon de travailler encore de plus près avec la nature.

D'AUTRES MÉTHODES NATURELLES :
L'hiver vous pouvez enrichir votre terrain au labour ou au bêchage, pour cela vous avez quatre possibilités :
• Le compost de votre jardin qui sera bien décomposé.
• Un fumier bien avancé en pourrissement. N'utilisez pas de fumier de cheval, de poule ou de mouton frais, laissez mûrir au moins deux ans avant de l'incorporer au sol, vous risqueriez des brûlures tellement ils sont chauds.
• Épandez votre cendre de bois, elle apporte beaucoup de minéraux appréciés par les plantes.
• Vous pouvez aussi enterrer des feuilles, celles de chênes, de bouleaux, de charmes apportent beaucoup d'humus.

Potager décoratif

Le potager, c'est le bonheur de cueillir et de savourer des légumes et des fruits naturels, non calibrés. C'est un espace fleuri, familial, réconfortant parfois sans ordonnancement. Il doit toujours être beau, gai, bien orchestré, il peut être aussi élégant et majestueux comme le potager du roi... C'est un lieu à part où vous devez être heureux devant vos rangs de choux à la grosse tête, ou vos herbes condimentaires gorgées de sève et de parfums. C'est aussi le plaisir d'avoir réussi votre première expérience de jardinier, en récoltant vos premier radis ou vos premières tomates cerises que vous allez déguster avec bonheur. Au printemps, il se réveille avec le chant du coucou, avec les pensées toutes surprises d'avoir résisté aux

frimas. Les premiers délices vont être bien évidemment les radis, suivront les laitues au goût à tomber à la renverse... les jeunes carottes, les asperges et puis viendront les épinards en mai et les haricots en juin. Ce sera un défilé permanent de gourmandises et de saveurs. Cependant, il faudra attendre le début de l'été pour voir la production du potager battre son plein. L'hiver ne doit pas être une saison triste. Vous pouvez y planter différentes variétés de choux, des poireaux, des mâches.
Et si par bonheur il y a des petits matins givrés, le givre fera ressortir toute ces silhouettes et donnera peut-être une allure mystérieuse et énigmatique à votre potager. En fait ce seront douze mois de spectacle qu'il vous offrira.

L'ARCHITECTURE DE VOTRE POTAGER

Maintenant se pose la question : quel types de potager choisir ?

LE POTAGER RÉGULIER

C'est un potager avec des allées bien définies qui pourrait être divisé en quatre carrés, ceinturés avec des allées en croix. Les carrés, ceints par de petites haies, en font un jardin très ordonnancé.

LE JARDIN CLOS

Votre potager sera secret grâce aux murs existants ou la plantation de haies, qui protègent des courants d'air et concentrent la chaleur. La construction d'un mur est très onéreuse, la plantation d'une haie d'ifs, lauriers, charmes est possible sachant qu'il faudra éloigner vos plantations de légumes au moins d'un mètre de votre haie pour éviter d'avoir de l'ombre ou tout simplement que les racines de la haie viennent manger le casse-croûte de vos légumes.

LE POTAGER EN CARRÉ

Il vous donnera le plaisir de pouvoir récolter dans tous les sens dans vos parcelles d'un mètre carré et d'admirer depuis votre terrasse vos futures récoltes au milieu de votre gazon.

LE POTAGER EN LIBERTÉ

Il n'a pas de règles d'allées, les fleurs et les légumes se partagent l'espace. Vous allez soudain découvrir que vous y avez semé des carottes, dont vous ne vous souveniez plus de l'emplacement, ou des radis, qui vont vous offrir leur frimousse rose et qui piqueront peut-être un peu, mais ils sont du jardin et cela change tout. Pensez aussi aux allées en sable, en terre battue, en sciure, en gazon, en pavés...

QUE PLANTER DANS VOTRE POTAGER ?

LES DIFFÉRENTS LÉGUMES

Les légumes racines : la carotte, les radis, les navets, les panais...

Les légumes tubéreux comme les pommes de terre, les topinambours.

Les légumes bulbes : l'ail, l'oignon, l'échalote.

Les légumes tiges : l'asperge, la seule représentante.

Les légumes feuilles : les salades, la mâche, les choux, les épinards.

Les légumes fleurs : les choux-fleurs, le brocoli, l'artichaut.

Les légumes fruits : les tomates, les haricots verts, le piment, l'aubergine et puis en arrière-saison, les citrouilles, les courgettes, les potirons, les potimarrons...

Les légumes graines : les haricots secs, les petits pois, les fèves.

N'OUBLIEZ PAS LES FLEURS

On ne conçoit pas un potager sans fleurs, elles attireront les abeilles et les papillons. Cette association se rapproche du jardin de curé d'autrefois. Les fleurs vous serviront aussi à faire des bouquets.

Au printemps les tulipes ont leur place au potager, comme ensuite les lupins, les delphiniums, n'oubliez pas les capucines, les cosmos, les soucis. Puis viendront les dahlias, les rudbeckias et pour l'hiver les roses de Noël...

Les tournesols pourront servir de tuteurs aux haricots rames. N'oubliez pas que les fleurs et les feuilles de capucines se mangent et pourront en même temps chasser les pucerons. Vous pouvez même planter des amarantes, les feuilles sont comestibles.

LES PLANTES AROMATIQUES

Les plantes aromatiques et condimentaires auront également une place importante. Le thym, la ciboulette, l'estragon, les sauges, le fenouil, le basilic pourpre parfumeront délicieusement vos plats. Tout comme la menthe, qui en plus dissuadera les limaces de déguster vos fraises.

Il vous restera bien un peu de place pour planter un cassissier, un groseillier, quelques pieds de framboisiers et des fraisiers...Maintenant, il ne vous reste plus qu'à vous mettre au travail et assurément, cela ne va pas manquer. Bonnes récoltes !

R

Radis

PAS DE BAGARRE AU POTAGER

Ne semez jamais de radis à côté de choux. Ils sont aussi gourmands l'un que l'autre, c'est certain, cela se passera mal, l'un des deux paiera !

DES RADIS BIEN CRAQUANTS

Préparez un bol d'eau très froide. Juste avant de croquer les radis, taillez leur extrémité blanche en croix et plongez les radis dans le bol. C'est vraiment un secret pour avoir des radis bien croquants.

Raisins

DU VERRE À L'ASSIETTE

La vigne, à l'origine, était destinée à l'élaboration du vin. Son amélioration au cours des siècles est passée du fil de fer à la treille et dès lors on a produit du raisin de table.

PLANTATION

La vigne est une plante sarmenteuse rustique et résistante qui s'adapte bien partout en France à condition que vous lui apportiez des soins appropriés. Vous pourrez installer un pied de vigne de table le long d'un mur ensoleillé, sur une clôture, une tonnelle et même dans un pot d'environ 50 cm de diamètre sur votre balcon. Pour une bonne réussite à la reprise, plantez dès septembre dans une terre riche mais drainante. Notez aussi que la vigne doit avoir un support pour vivre et qu'une treille pour être bien fournie demande près de cinq années de travail. Mais cela ne veut pas dire qu'il vous faudra attendre cinq ans pour déguster du raisin.

LA BONNE TAILLE

Vous devrez chaque année réduire les branches pour en former de nouvelle, sachant que le raisin n'apparaît que sur les branches de l'année. Le principe est de créer des sarments qui seront palissées à l'horizontal, de ces mêmes branches il conviendra de tailler toutes celles partant à 2 ou 3 yeux en choisissant l'œil extérieur au dessus de la coupe. Vous devrez éliminer tous les rameaux frêles ou désordonnés. La taille peut se faire en février-mars.

LES VARIÉTÉS

MUSCAT DE HAMBOURG : il donne de grandes grappes aux graines ovales couleur pruine. La récolte se fait en septembre.
ALFONSE LAVALLÉE : découvert à Orléans en 1860, ses fruits sont noir-bleuté, il se récolte en octobre.

CHASSELAS DORÉ : il a fait la réputation de Fontainebleau avec ses petits grains sucrés. Il se récolte en septembre.
PERLE DE CSABA : de couleur ambrée, il est juteux, au goût musqué. Attention ses grains sont fragiles, mais c'est une des variétés les plus précoces puisqu'il est à maturité en août.
CHASSELAS ROSE : Il est issu d'une mutation de chasselas doré, dont il reprend les principales caractéristiques.
CARDINAL : raisin à gros grains rose volumineux, à chair ferme et de bonne saveur. Il se récolte fin septembre.
Quelle que soit la variété que vous aurez choisie, pour activer la maturation de vos grappes, n'hésitez pas à supprimer des feuilles afin que le soleil vienne offrir ses rayons aux grains de raisin. Ils n'en seront que plus sucrés.

VOLEURS DE RAISIN
Si les braqueurs utilisent des bas pour dévaliser une banque, vous, utilisez-les pour protéger vos jolies grappes de raisin. Cela évitera aux oiseaux et autres pilleurs de détrousser votre treille.

DES GRAPPES POURRIES, C'EST DÉCOURAGEANT
Pour prévenir le mildiou de la vigne, diluez 1 cuillère à soupe de bicarbonate avec 1 cuillère à soupe d'huile de colza ou de tournesol. Vaporisez sur les raisins dès leur apparition, faites cela une ou deux fois par semaine et pendant deux mois.

LE MILDIOU DE LA VIGNE
Le mildiou apparaît souvent dès le printemps, provoque des taches sur les feuilles et peut compromettre la récolte. Pour l'éviter, traitez tous les huit jours en préventif avec de la bouillie bordelaise. Vous pouvez aussi faire des traitements à base de presles. Mettez à macérer pendant 10 jours 1 kilo de presles pour 10 litres d'eau. Filtrez et faites des traitements tous les 8 jours. Vous trouvez aussi la potion déjà prête en jardinerie.

ATTENTION, ÇA TACHE !
Si vous devez pulvériser vos raisins qui se trouvent près d'une terrasse à la bouillie bordelaise, protégez-la avec un journal ou même un film plastique car la bouillie tache et tient !

Recyclage

LE VIEUX SAPIN DE NOËL

Vous voulez redonner une seconde vie à votre sapin de Noël, mais il ne s'est pas remis de son séjour à la maison. Il est là tout desséché, ne le détruisez pas, faites grimper dedans des capucines, des pois de senteur, des cobées, des volubilis, vous serez étonné de l'effet produit !

TOUJOURS UTILE

Vous avez une vieille bassine en zinc, plantez des tomates dedans, n'oubliez pas de faire des trous dans le fond pour faciliter le drainage.

RECYCLAGE

Ne jetez pas votre vaisselle cassée. Utilisez-la pour tapisser le fond des pots de fleurs ou des bacs. Les vieux pots de fleurs ébréchés font également l'affaire.

DÉCORS ORIGINAUX

Prenez un vieux vélo tout déglingué, mettez-le dans le jardin comme support de plantes grimpantes. Sur les porte-bagages, installez des cagettes pour y planter des fleurs, des plantes aromatiques ou des citrouilles et coloquintes.

PARAPLUIES OU PARASOLS

L'un a fait paisiblement sa vie, l'autre s'est retrouvé démoli lors de la dernière tempête. Ôtez la toile, enfoncez-la tige dans le sol et jusqu'aux baleines. Faites alors courir sur la structure des pois de senteur, des volubilis, des capucines, des ipomées et d'un seul coup vous avez dans votre jardin d'immenses coussins ou poufs qui seront du plus bel effet, surtout s'il y en a plusieurs et de couleurs différentes.

Rempotage et surfaçage

Il ne faut pas entreprendre ce travail lorsque la plante est au bout du rouleau... Rempotage ou surfaçage sont nécessaires pour renouveler les réserves nutritives de votre végétal.

REMPOTAGE

Si vous laissez une plante dans le même pot pendant plusieurs années, ses racines vont « chignoner », c'est à dire tourner en rond à la recherche de nourriture et constituer une masse racinaire de plus en plus dense. Ajoutez à cela que quand les racines vieillissent, elles s'entourent d'écorce, peu à peu elles finissent par ne plus rien absorber, condamnant la plante à vivoter ou mourir, d'où l'importance de rempoter. Le rempotage peut se faire au printemps, au moment où la végétation repart et où le soleil commence à darder ses rayons. Si votre plante est dans un pot diamètre de 20 cm, ne la rempotez surtout pas dans un pot de 40 cm, elle y serait totalement perdue. Elle chercherait sa nourriture partout tellement il y en a, elle s'épuiserait et végèterait. Un pot avec un diamètre de 5 cm supplémentaire sera suffisant, elle aura à manger autour de ses racines et ne s'affaiblira pas en voulant aller chercher plus loin. Si vous prenez un pot de récupération, pensez à le nettoyer, il doit être propre et sain, un bon brossage avec de l'eau additionnée d'eau de javel fera l'affaire. La répartition de la terre autour de la motte doit être régulière avec un substrat du commerce, mais veillez à ce que celui-ci soit bien drainant, sinon ajoutez du sable grossier pour un bon drainage.

SURFAÇAGE

Les plantes élevées dans de gros bacs ou pots ne nécessitent pas forcément un rempotage tous les ans, mais un surfaçage. Cela consiste à enlever entre 5 et 10 cm de « vieux » terreau et à rapporter un substrat plus riche. Les arrosages feront que les éléments nutritifs du terreau rapporté alimenteront les racines de la plante au fur et à mesure. Cette opération peut s'étaler entre mars et septembre. Si vous avez peur d'abîmer les racines fragiles de vos plantes lors du surfaçage, suspendez les arrosages pendant quelques jours pour que les premiers centimètres de terreau sèchent en surface. Aspirez ce vieux terreau avec un aspirateur de bricolage de type réservoir à bidon, remettez un nouveau substrat et arrosez... Avec tous ces bons gestes, vos plantes, c'est certain, vous seront reconnaissantes !

R

Rhododendron

RHODODENDRONS ET Cie

Votre terre a perdu de son acidité, les feuilles de vos végétaux se décolorent un peu ? Eh bien, pour les ravigoter un peu, mettez 1 litre de coca dans 10 litres d'eau et arrosez. Faites cela une fois par semaine pendant deux mois.

Roses

DAVANTAGE DE PARFUM

Plantez du persil au pied de votre massif de rosiers, l'herbacée va stimuler leur parfum… bien évidemment pour des roses qui sont normalement odorantes.

LA COULEUR DES ROSES

Diluez dans de l'eau du sulfate de fer à raison de 3 cuillères à café par litre. Une fois par mois, arrosez avec ce mélange au pied de vos rosiers. Vous verrez, entre autres, que vos roses rouges seront encore plus rouges.

DES ROSIERS ROUILLÉS

Un champignon qui se développe sur les feuilles des rosiers leur donne un aspect couleur de la rouille. C'est une maladie qui est provoquée par l'humidité du printemps ou de l'automne. Le phénomène peut être également observé sur le bois du groseillier avec de petites pustules. Dans les deux cas, appliquez une solution à base d'ail pilé, ajoutez du purin d'ortie ou de prêles. Renouvelez l'opération plusieurs fois.

LE MILDIOU DES ROSIERS

Faites infuser 1 cuillère à café de feuilles de camomille pour 1 tasse d'eau et vaporisez vos rosiers tous les 3 à 4 jours contre le mildiou, la rouille, les taches noires et autres affreuses maladies qui les défigurent.

QUE DU BONHEUR !

Vous avez de l'huile de cuisson, ne la jetez surtout pas, lorsqu'elle est refroidie, mettez-en un verre au pied de chaque rosier ou arbuste, ce sera un vrai bonheur pour eux...

UN ENGRAIS MAGIQUE

Ne jetez pas la suie de votre cheminée, récupérez-la et délayez-la dans de l'eau afin d'obtenir un liquide épais. Arrosez le pied de vos rosiers avec, c'est un excellent engrais.

DE L'AIL AU PIED DES ROSIERS

En plantant de l'ail au pied de vos rosiers, non seulement vous ferez fuir les pucerons, mais en plus vous aurez des roses magnifiques.

AU POIL !

Lorsque vous faites le brushing de votre chien, récupérez les poils sur la brosse et enterrez-les aux pieds des rosiers, cela va enrichir le sol en nitrogène (azote). Si vous n'avez pas de chien, alors kidnappez celui du voisin... Mais rendez-le lui après le brushing !

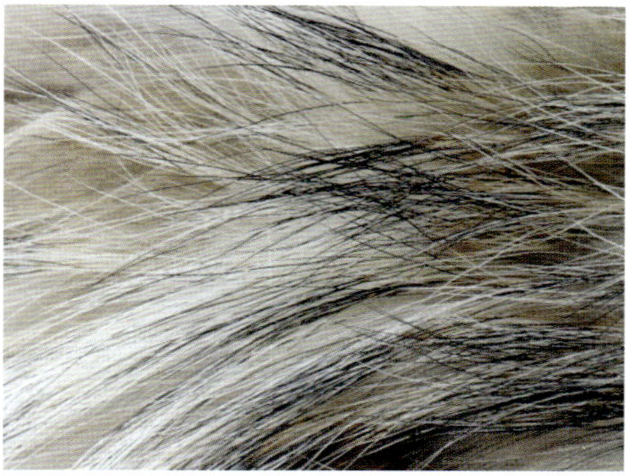

LES ROSIERS DANS UNE TERRE CALCAIRE

Les rosiers n'aiment pas la terre calcaire, ils végètent, ne fleurissent pas, leur feuillage jaunit. Demandez à votre pépiniériste des rosiers greffés sur *Canina.* Leur végétation sera plus lente et leur floraison moindre mais vous aurez des fleurs.

L'ARROSAGE DES ROSIERS

Arrosez le soir et au pied, jamais le feuillage car c'est le meilleur moyen de déclencher des maladies.

DE DRÔLES DE ROSIERS

Voilà vos rosiers infestés de pucerons. Pour les éliminer, suspendez des peaux de bananes dans les branches. Évidemment vous aurez des massifs qui ne seront pas très esthétiques, mais vous n'aurez plus de pucerons !

DOPEZ LES ROSIERS

Pour revigorer vos rosiers, arrosez-les une fois par mois avec 2 cuillères à soupe de vinaigre blanc, diluées dans 4 litres d'eau. Ils vont apprécier et ça va les stimuler après avoir été amoindris par une maladie ou des parasites.

LE LANGAGE DES ROSES

Rouge : l'amour.
Jaune : l'amitié.
Blanc : le secret.
Rose foncé : la reconnaissance.
Rose pâle : la joie.
Rose pêche : la modestie.
Rose corail : le désir.
Orange : la fascination.

TAILLE DES ROSIERS TIGES

Elle se pratique au printemps et consiste à laisser seulement 15 cm de branches au-dessus du sol en supprimant au passage les branches mortes. C'est le même principe que les rosiers nains à la seule différence que vous n'aurez pas besoin de vous baisser ! Pour plus de détails sur la taille, reportez-vous p. 132.

NOËL ET SES ROSES

Vous connaissez tous la rose de Noël, *Helleborus Niger*, qui est blanche, mais savez-vous qu'il en existe des noires, des bleues, des jaunes, des mauves, et même des tigrées ? Il faut absolument les découvrir et en plus elles ne sont pas compliquées à cultiver.

Rotation des cultures

C'est à une véritable planification qu'il faut procéder pour vos cultures au potager. À chaque saison tout change et il faut tenir compte à la fois des indispensables rotations de cultures pour ne pas épuiser la terre et éviter des incompatibilités entre plantes, pour se succéder sur une même parcelle.

LÉGUMES	ROTATION	À LA SUITE DE... (NB D'ANNÉES)	FAIRE SUIVRE PAR...	INCOMPATIBILITÉS
AIL	5 ans	légumes-fruits	légume-graines	OIGNON-POIREAU
AUBERGINE	5-6 ans	légume-racine	légume-bulbe	CONCOMBRE
BETTERAVE	3 ans	légume-graines	légume-fruit	POMME DE TERRE
CAROTTE	4 ans	légume-graines	légume-fruit	
CÉLERI-RAVE	4-5 ans	légume-graines/bulbe	légume-graines/fruit	CAROTTE
CÉLERI-BRANCHE	5 ans	légume-graines/bulbe	légume-graines/fruit	CAROTTE
CHICORÉE	2 ans	légume-graines/bulbe	légume-graine/fruit	
CHOU VERT	7 ans	légume-graines/bulbe	légume-graines/fruit	NAVET
CHOU DE BRUXELLES	7 ans	légume-graines/bulbe	légume-graines/fruit	
CHOU-FLEUR	7ans	légume-graines/bulbe	légume-graines/fruit	
CONCOMBRE/CORNICHON	4 ans	légume-racine	légume-bulbe	MELON, APRÈS 5 ANS
COURGETTE	2-4 ans	légume-racine	légume-bulbe	MELON, CONCOMBRE
ÉCHALOTE	5 ans	légume-fruit	légume-graines	AIL, OIGNON, POIREAU
FENOUIL	3 ans	légumes-graines/bulbe	légumes-graines/fruits	CHOU
HARICOT VERT	2 ans	légume-bulbe	légume-feuilles	
HARICOT BLANC	2 ans	légume-bulbe	légume-feuilles	POMME DE TERRE
LAITUE	2-3 ans	légume-graines/bulbe	légume-graines/fruit	
MÂCHE	aucune	légume-graines/bulbe	légume-graines/fruit	
MELON	4 ans	légume-racine	légume-bulbe	TOMATE
NAVET	4 ans	légume-graines	légume-fruit	CHOU, RADIS
OIGNON	4-5 ans	légumes-fruit	légume-graines	
PERSIL	1 an	légume-graines/bulbe	légume-graines/fruit	CAROTTE
POIREAU	5 ans	légume-graine/bulbe	légume-graine/fruit	ÉPINARD, NAVET, CAROTTE
PETITS POIS	5 ans	légume-bulbe	légume-feuilles	AIL, ÉCHALOTE, OIGNON
PISSENLIT	aucune	légume-graines/bulbe	légume-graine/fruit	
POIVRON, PIMENT	3-4 ans	légume-racine	légume-bulbe	CONCOMBRE
POMME DE TERRE	4-5 ans	légume-racine	légume-bulbe	TOMATE, BETTERAVE
RADIS	aucune	légume-graines	légume-fruit	CHOU
TOMATE	4 ans	légume-racine	légume-bulbe	AUBERGINE, PIMENT

Savon noir ou de Marseille

LES SECRETS DU SAVON NOIR

Ses origines se perdent dans l'histoire de l'humanité. Il existe différents savons noirs, dont ceux fabriqués avec de l'huile d'olive ou de l'huile de lin. C'est la potasse qui leur donne leur couleur foncée. Utile pour combattre les ennemis de jardin, le savon noir peut être aussi utilisé pour le nettoyage et la désinfection des pots en terre, leur protection contre les mousses et le calcaire.

Utilisez de préférence un savon noir liquide sans additif, ni conservateur, ni parfum : cela risquerait de nuire à vos plantes et un peu à vous-même si vous l'utilisez sur vos légumes. Choisissez un savon noir à l'huile d'olive, il est concentré et facile à utiliser. Pour nettoyer les terrasses, la pierre, le bois, la brique, l'ardoise, versez 2 cuillères à soupe de savon noir dans 1 litre d'eau chaude.

SAVON DE MARSEILLE, UNE PETITE MERVEILLE

Il chasse les insectes de toute nature mais aussi les vilaines maladies comme celle des taches noires, l'oïdium, ou encore la rouille. Râpez un petit morceau de savon avec une râpe de cuisine. Mettez-en environ 1 cuillère à soupe dans 4 litres d'eau chaude et ajoutez 1 cuillère à soupe d'huile de colza. Secouez énergiquement dans le pulvérisateur pour émulsionner la potion. Pulvérisez généreusement, il faut que ça dégouline des feuilles. L'huile de colza permet au mélange d'adhérer au feuillage. Les insectes vont suffoquer et finir par disparaître, mais à condition d'effectuer une pulvérisation tous les 4 à 5 jours.

Souci

AYEZ DES SOUCIS !

Il s'agit de cette plante à fleurs jaunes ou orange : elle repousse les pucerons, les mouches blanches, les doryphores et même les lapins !

LE SOUCI

Je parle bien évidemment des fleurs orange ou jaune. Vous êtes en panne de safran, pas de panique, les pétales de souci feront aisément l'affaire. D'ailleurs on l'appelle « le safran des pauvres ». Les pétales coloreront très bien le riz tout comme le beurre autrefois. Ajoutez des pétales de soucis dans vos salades, c'est délicieux.

Calendrier des semis

FLEURS	HAUTEUR	JANV.	FEV.	MARS	AVR.	MAI	JUIN	JUIL.	AOÛT	SEPT.	OCT.	NOV	DEC
AGERATUM	25 cm												
ALYSSE	10 cm												
AMARANTE	60 cm												
BALSAMINE	50 cm												
BELLE-DE-JOUR	35 cm												
BELLE-DE-NUIT	80 cm												
CAPUCINE	40 cm												
CENTAURÉE ANNUELLE	90 cm												
CHRYSANTHÈME ANNUEL	60 cm												
CORÉOPSIS ÉLÉGANT	80 cm												
COSMOS	110 cm												
ESCHSCHOLTZIA	40 cm												
GODETTA	50 cm												
GYSOPHILE ANNUEL	60 cm												
IMMORTELLE	40 à 120 cm												
IMPOMÉE	200 cm												
JULIENNE	25 cm												
LAVATÈRE	90 cm												
LIN ROUGE	30 cm												
MAÏS DU JAPON	160 cm												
NÉMOPHILE	20 cm												
NIGELLE	50 cm												
ŒILLET D'INDE	25 à 40 cm												
PHLOX ANNUEL	20 cm												
PIED D'ALOUETTE	130 cm												
POIS DE SENTEUR	180 cm												
POURPIER	20 cm												
REINE-MARGUERITE	30 à 75 cm												
ROSE D'INDE	30 à 60 cm												
RUDBECKIA	70 cm												
SOLEIL	150 cm												
SOUCI	50 cm												
TAPIS MAGIQUE	15 cm												
VERVEINE	25 cm												
TAGETE SIGNATA	30 cm												
ZINNIA	20 à 80 cm												

Période des semis | *Période de floraison/ récolte* | *Repiquage*

S

LÉGUMES	MODE DES SEMIS	JANV.	FEV.	MARS	AVR.	MAI	JUIN	JUIL.	AOÛT	SEPT.	OCT.	NOV	DEC
ANETH	en place												
AUBERGINE	sous serre												
BASILIC	sous serre												
BETTERAVE	en place												
CAROTTE	en place												
CÉLERI	sous serre												
CERFEUIL	sous serre												
	en place												
CHOU DE PRINTEMPS	sous serre												
CHOU D'ÉTÉ	en pépinière												
CHOU D'HIVER	en pépinière												
CHOU DE BRUXELLES	en pépinière												
CHOU-FLEUR													
CIBOULE/CIBOULETTE	en place												
CONCOMBRE	en place												
COURGETTE	en place												
CRESSON	en place												
ÉPINARDS	en place												
FENOUIL	sous serre												
	en place												
FÈVE	en place												
HARICOT	en place												
LAITUE DE PRINTEMPS	en place												
LAITUE D'HIVER	en place												
MELON	en place												
NAVET DE PRINTEMPS	en place												
NAVET D'AUTOMNE	en place												
OIGNON BLANC	en place												
	en pépinière												
OIGNON JAUNE ET ROUGE	en place												
OSEILLE	en place												
PERSIL	en place												
PIMENT	sous serre												
POIVRON	en place												
POIREAU	en pépinière												
POIS	en place												
RADIS D'HIVER	en place												
ROQUETTE	en place												
SALSIFIS	en place												
SAUGE	en pépinière												
TOMATE	en pépinière												

Taille

Tailler, c'est architecturer. La taille est un acte majeur car la très grande majorité les plantes doivent être taillées ; qu'il s'agisse bien sûr des rosiers, des arbustes, des arbres fruitiers et même des plantes vivaces, sans négliger les plantes grimpantes et bien évidemment les haies.

Pour tailler vous aurez besoin d'un sécateur, d'une cisaille, d'un taille-haie, d'une scie égoïne, ou d'une tronçonneuse (pour plus de détails voir p. 83-85). Il en existe de nombreuses formes, grandeurs et marques. La prudence s'impose lors de l'utilisation d'un taille-haie électrique ou thermique ou d'une tronçonneuse.

LES ARBUSTES D'ORNEMENT

Ceux qui fleurissent au printemps se taillent avec un sécateur après la floraison et ceux qui fleurissent en été, se taillent au printemps. Ces derniers nécessitent cependant la suppression des fleurs sitôt leur floraison terminée. Ils tirent un grand bénéfice d'une taille dès que leur floraison est terminée. Cela permet, d'une part, de les «nettoyer» et d'autre part d'économiser leurs réserves en ne produisant pas de graines. Cela favorise également la pousse de jeunes branches et assure une future belle floraison.

Chaque plante demande des attentions particulières. C'est le cas du Forsythia, il vous suffit de supprimer les branches de fleurs fanées pour qu'une jeune pousse se forme à la base et remplace celle taillée pour offrir ses fleurs le printemps suivant. L'opération sera la même pour les spirées blanches qui fleurissent au printemps ou le tamaris à floraison printanière.

Pour un rhododendron, il vous suffit de prendre entre le pouce et l'index les restes du bouquet de fleurs en le cassant à la base en prenant la précaution de ne pas abîmer les jeunes pousses qui se développent.

Pour le seringat (Philadelphus), le deutzia, le weigelia : ces arbustes fleurissent sur du bois de deux ans, supprimez donc uniquement les branches qui ont fleuri.

L'arbre aux papillons (Buddleia) demande la suppression de ses fleurs en fin de floraison en été.

Cependant pour le printemps suivant, il est important de le tailler entièrement à 30 ou 40 cm du sol. Sachant qu'il fleurit sur le bois de l'année, il refait

alors de superbes pousses qui produisent de magnifiques fleurs pour l'été. Les potentilles (Potentilla), les spirées, les tamaris d'été (estivalis), les céanothes doivent être taillés assez courts au printemps en supprimant à ras leurs branches. Ces arbustes fleurissent aussi sur du bois de l'année

La taille de rajeunissement des arbustes : le recépage Elle s'applique aux arbustes qui n'ont pas bénéficié de tailles régulières. Alors, en vieillissant, ils deviennent trop touffus, mal formés. Ils ont des branches mortes, se dégarnissent en feuillage à la base, fleurissent mal, voire pas du tout ou n'ont que quelques fleurs au sommet de leurs branches.

La taille de rajeunissement consiste, à l'aide d'un sécateur à manche, à tout supprimer, à 10/15 cm du sol. Cette taille sévère s'effectue en hiver.

Elle peut s'appliquer aux forsythias, deutzias, seringats (Philadelphus), arbres aux papillons (Buddleias), spirées, tamaris, lilas (Syringa). Cette méthode qui peut vous surprendre est néanmoins celle qui redonne une nouvelle jeunesse à vos arbustes.

LES PLANTES GRIMPANTES

Ce sont des plantes très appréciées pour leur floraison abondante et leur rapidité de pousse. Elles peuvent être parfois considérées pour certaines d'entre elles comme pas faciles à tailler. En fait, il existe trois périodes où la taille peut être pratiquée et dans tout cela vous pouvez vous sentir perdus :

- Au milieu de l'automne, la taille sert à réduire toutes les branches qui ont un développement désorganisés.
- En fin d'hiver, fin février début mars, sélectionnez les branches avec bourgeons qui fleuriront et génèreront les branches que vous allez conserver, tout en supprimant tous les frêles rameaux.
- En été également, pour supprimer toutes les repousses qui divaguent anarchiquement. Très important, vous devez tailler en fonction de l'époque de floraison de votre plante grimpante. Le principe reste le même que pour les arbustes. Si la floraison a lieu au printemps comme la Clématite Montana : il faut tailler après la floraison. Si votre grimpante fleurit en été : vous devez tailler au printemps comme la

Bignone. Pour réussir la floraison de la Glycine qui se produit dès avril, taillez en fin d'hiver en conservant les branches qui partent sur les charpentières. Taillez environ à 30 cm, vous apercevrez d'ailleurs de gros bourgeons qui deviendront fleurs. Supprimez en coupant très court toute la petite végétation qui divague.

Taillez aussi en fonction du support de votre plante grimpante :

• Si un fil ou une arche supporte la plante, conduisez la taille en conservant la branche principale sur laquelle poussent des branches secondaires que vous réduirez en laissant seulement une longueur de 10 à 15 cm.

• S'il s'agit d'une tapisserie végétale le long d'un mur, supprimez toutes les branches qui débordent du tapis et veillez bien à ce qu'il n'y ait aucune végétation se faufilant sous la toiture, ceci vaut pour la vigne vierge et le lierre.

• Si vos plantes grimpantes sont installées sur une clôture ou un treillage, supprimez tout ce qui n'est pas accroché.

• Sachez que vous pouvez rajeunir la très grande majorité de vos plantes grimpantes : la taille se fait au printemps en laissant 40 cm de branches au dessus du sol. Vous n'êtes pas forcément assurés de voir une floraison dans l'année, mais vous aurez, c'est sûr, une belle floraison sur une plante plus étoffée et sur une structure plus facile à diriger pour les années à venir.

• Vous avez peut-être un mur à l'ombre que vous aimeriez garnir avec une plante grimpante qui fleurit. Pensez à l'hortensia grimpant (Hydrangea Petiolaris). Il fleurit en été. Vous devez le tailler sitôt la floraison terminée en supprimant toutes les fleurs fanées et en raccourcissant toutes les branches qui partent vers l'extérieur. Il a besoin d'être taillé à cette période car il faut lui laisser le temps de produire de nouvelles pousses qui refleuriront l'année suivante.

LES PLANTES VIVACES

Les plantes vivaces s'associent facilement avec des arbustes, des rosiers, des conifères. Elles sont d'une grande rusticité et vivent plusieurs années à la même place à condition de ne pas les laisser envahir par

l'herbe. Bien peu de jardiniers savent tailler ces plantes et pourtant c'est absolument indispensable pour que certaines d'entre elles aient une nouvelle floraison comme le Lupin ou le pied d'alouette (Delphinium). Chaque printemps, taillez à ras les plantes dont le feuillage devient trop touffu. Comme les coréopsis, les penstemons, les géraniums vivaces, le lin vivace. Supprimez toutes les branches toujours au ras du sol, des asters, des rudbeckias, des lupins, des phlox, des Heleniums, des Helianthus.

En été : supprimez toutes les branches qui ont fleuri ou détachez les fleurs pour provoquer la suite de la floraison.

En automne : pour conserver une belle esthétique à vos plantes vivaces, nettoyez-les. Ne laissez pas de branches desséchées ou de feuilles mortes. Certaines peuvent, dans certaines régions, craindre le froid hivernal comme la gaura, la monarde, le penstemon, alors ne les taillez qu'au printemps.

LES ROSIERS

Vous vous en faites tout un monde et vous posez de multiples questions avec votre sécateur à la main ! Faut-il tailler là ? Quand ? À quelle hauteur ? Dois-je supprimer telle ou telle branche ? Enfin tout cela devient un casse-tête alors que la technique est des plus simples. La taille s'exécute en mars ou avril selon la précocité du printemps.

ROSIERS NAINS À GROSSES FLEURS ET POLYANTHAS : Taillez entre 10 et 15 cm au-dessus du sol, supprimez le bois mort, éclairez l'intérieur du rosier en supprimant les branches grêles et celles qui se frottent l'une contre l'autre. Voilà vous avez taillé votre rosier. Je sais, vous allez me demander : «Et les yeux dans tout ça ?» Et bien vous ne les avez pas vus, mais vous en avez laissé 3 ou 4, suffisamment pour avoir un buisson et de belles roses.

ROSIERS DIT «ANCIENS» : Coupez toutes les branches à 40/50 cm du sol sitôt la floraison terminée. Éliminez tout le bois mort ainsi que quelques branches à l'intérieur toujours pour que la lumière pénètre.

ROSIERS GRIMPANTS : bien taillés, c'est une profusion de roses assurée. Le rosier a des branches charpentières, grosses branches qui forment l'ossature du rosier. Elles doivent être arquées en palissage de façon à ce que la courbure freine le passage de la sève. Sur ces grandes charpentières existent des branches que vous allez tailler à 5/6cm. En défini-

tive, les bourgeons floraux vont se former sur ces branches.
ROSIER TIGE : le principe est le même que pour le rosier nain mais vous n'avez pas à vous baissez pour le tailler !
ROSIER PLEUREUR : Comme le rosier grimpant, à la seule différence que les charpentières vont retomber.
ROSIER LIANE : grimpé dans un vieil arbre ou un conifère, vous vous interrogez sur la manière de le tailler. Ne vous posez plus la question, laissez-le vivre sa vie tout seul. La taille lui, il ne connait pas.
ROSIER PAYSAGÉ : C'est celui qui tapisse un talus. Effectuez tous les 2 ans une taille très courte, à 15 cm du sol. Une dernière petite chose, à l'automne lorsque la floraison est terminée, faites ce que l'on appelle une pré-taille : elle consiste à supprimer sur 20 à 30 cm les tiges qui ont fleuri. La vraie taille comme je vous l'ai décrite plus haut, c'est pour le printemps.

Quand je vous dis qu'il n'y a rien de plus simple que de tailler des rosiers ! Cela ne veut pas dire pour autant qu'ils vont se débrouiller seuls. Si vous voulez les voir fleurir, ils demandent de l'attention et des soins en cours de saison. Il y a bien évidemment ceux liés aux attaques de pucerons ou d'oïdium à la période de la floraison. En mai-juin, pour certaines variétés, il est également nécessaire de passer pratiquement tous les jours pour supprimer les fleurs fanées si vous voulez que l'éclosion des fleurs se poursuive. Si vous voulez de belles roses vous devez vous plier aux exigences de la « reine des fleurs ». Elle a son petit caractère mais si vous êtes attentifs, elle saura vous le rendre. La balle est donc dans votre camp...

LES HAIES

Il faut tailler les haies régulièrement pour qu'elles soient bien équilibrées dans leur rôle de rideaux ou de brise-vent. Lorsqu'il s'agit de feuillus tels que Laurier, troène, photinia, Elaeagnus, rabattez de moitié les branches existantes dès la plantation. Cela leur permet de mieux prendre puisque vous diminuez les branches à alimenter. Et, en second lieu, cela favorise l'émergence de bourgeons.
De nouvelles pousses qui s'étoffent et donnent à votre haie plus d'épaisseur et forment un écran plus dense.

La taille est à effectuer chaque année, fin juin et mi-septembre en remontant de 40 cm en 40 cm, pour arriver à la hauteur désirée, sachant qu'il faut cinq ans pour obtenir une haie d'environ 2 mètres.

Dans le même temps, il vous faut aussi donner de l'épaisseur à votre haie. Pour une haie de 2 m, comptez 70 cm de largeur, pour une haie de 1,50 m, 60 cm seraient bien. Si votre haie est trop large, il vous est toujours possible de la remanier. S'il s'agit de charme, de buis ou de laurier, coupez toutes les branches au ras du tronc, seulement sur un côté.

Attendez trois à cinq ans qu'elles aient bien repoussé. Il faut bien évidemment tailler durant ce temps de manière à ne pas vous laissez déborder une seconde fois. Procédez de la même façon de l'autre côté. Vous aurez ainsi reformé votre haie, certes avec du temps, mais parfois ça le mérite.

Pour une plantation de haie de résineux, il convient, lors de la plantation, de couper toutes les mèches sur 8/10 cm. Procédez aussi, fin juin et fin septembre, à une taille de régularisation de votre haie puis, progressivement effectuez le travail de formation à la cisaille à main.

L'ÉLAGAGE D'UN ARBRE

L'élagage est une taille parfois sévère qui permet ou de réduire le volume des branches ou de supprimer totalement l'ossature de l'arbre. Ce travail permet de limiter l'encombrement (tilleul, platane) ou d'effectuer un nettoyage de la houppe qui porterait des branches mortes pouvant devenir dangereuses.

C'est le cas du saule pleureur, par exemple, qui doit être totalement élagué tous les deux ou trois ans. Pour certains arbres, il est aussi essentiel de dégager l'intérieur du houppier afin que la lumière nécessaire à son développement pénètre à l'intérieur des branches.

Ce genre de travail doit être réalisé par un professionnel. Ne vous aventurez pas dans ce type d'opération qui est dangereuse. D'ailleurs vous remarquerez que les élagueurs sont équipés et utilisent un matériel homologué et sont aptes à prendre les précautions indispensables pour leur propre sécurité mais aussi pour l'arbre et éventuellement les plantes qui peuvent être en dessous et qui ne doivent pas être abîmées. Ils sauront aussi prendre les précautions nécessaires lorsqu'il y a des bâtiments à proximité, les vôtres mais aussi ceux du voisin.

LES ARBRES FRUITIERS

La taille décide de l'avenir d'un arbre fruitier, permet de canaliser sa sève de manière à bien équilibrer la structure de ses branches et sa future formation. Sa vigueur, sa santé, sa floraison, sa fructification en dépendent et elle contribue à l'espérance de vie de l'arbre. Le fait de tailler régulièrement un arbre fruitier évite ce que l'on appelle «le phénomène de l'alternance» ; c'est-à-dire qu'un arbre non soumis à la taille ou mal taillé ou taillé irrégulièrement va produire une année sur deux, ou éventuellement avoir chaque année, une production de petits fruits. D'où l'importance de tailler.

La taille s'effectue en trois opérations en hiver :

LA TAILLE DE FORMATION : elle s'effectue à la plantation et consiste tout simplement à rabattre toutes les branches de moitié, ceci pour favoriser sa reprise et préparer l'arbre à sa future structure.

LA TAILLE D'ENTRETIEN : chaque année, en période hivernale, cette taille consiste à donner une allure équilibrée à la houppe. Vous devez supprimer les branches qui se croisent, se touchent à l'intérieur de l'arbre ainsi que les verticales et celles qui se dirigent vers le sol. La taille permet le départ de nouvelles branches en favorisant le renforcement des charpentières existantes et l'apparition de nouvelles au niveau de l'embranchement. À noter qu'il est souhaitable de ne pas laisser se former de fruits pendant les trois premières années qui suivront la plantation pour ne pas l'épuiser. Bien évidemment lors de cette taille, il va de soi qu'il faut que la houppe soit parfaitement équilibrée. Il ne faut pas de dissymétrie au risque de voir l'arbre se casser par les coups de vent ou par le poids des fruits produisant un déséquilibre de la ramure. Cette règle est valable pour toutes les formes.

LA TAILLE DE FRUCTIFICATION : pour prendre les bonnes décisions et adopter les gestes utiles, il faut reconnaitre les différentes formes de végétation (voir p. 139) sur un arbre. Si vous avez des difficultés et que vous vous sentez encore un peu hésitant, taillez juste avant la floraison.

LA TAILLE ESTIVALE : à faire quand l'arbre est en feuille, en cours de saison. Les principes simples que je vais vous décrire vont vous permettre d'appréhender la taille avec confiance. Et puis, vous savez la nature est bien faite et c'est l'expérience qui fera le reste !

La taille en vert : elle consiste à raccourcir les coursonnes à 5/10 cm ou à supprimer les plus faibles.

La taille dite lorette : elle consiste à supprimer les rameaux vigoureux ayant atteint au moins 30 cm qui sont des sortes de gourmands. Les laisser se développer serait au détriment de la fructification. Ils sont généralement de la grosseur d'un crayon et il faut les tailler au ras de la branche sur laquelle ils partent.

Tomate

PLANTATION DES TOMATES

Pour cela, attendez que les saints de glace soient passés. Ce sont les 11, 12, 13 mai. Les tomates aiment les températures supérieures à 12 °C.

DES COUCHES-CULOTTES POUR LES TOMATES

À la plantation de vos pieds tomates, mettez une couche-culotte pour bébé au fond du trou, la partie extérieure contre le sol et recouvrez de 10 cm de terre. Les petites particules de polymère sont conçues pour garder bébé au sec et absorbent 300 fois leur poids en eau, elles retiendront donc l'eau pour vos tomates et vous permettront de diviser par deux les arrosages !

LES TOMATES L'ADORENT

Avant de planter vos tomates, mettez une belle poignée de feuilles d'ortie au fond du trou, quelques centimètres de terre par-dessus, elles vont adorer. Attention, les tomates sont des frileuses. Des températures en dessous de 12 °C les paralysent, les feuilles deviennent jaunes et leur végétation est compromise. Aménagez-leur une doudoune en posant quatre piquets autour d'elles, posez un voile d'hivernage ou ceinturez avec un plastique bulle.

CE SERA BIEN PLUS JOLI

Plutôt que de mettre ces affreux piquets en fer tortillés ou, à défaut, des piquets en bois, plantez aux pieds de vos tomates un tournesol. C'est un tuteur naturel auquel vous agripperez vos tomates avec des liens. Ne pensez-vous pas que ce sera plus original, et surtout plus beau ?

TOMATES MARTYRISÉES

C'est joli des tuteurs en ferraille en forme de spirale, vous pensez que vos tomates se plairont à escalader des chefs-d'œuvre comme ceux-là. Eh bien, détrompez-vous. Ce sont de véritables engins de torture : lorsqu'il fait froid, elles grelottent et, lorsqu'il fait chaud, elles grillent ! Pour leur éviter de telles souffrances, tendez un fil de fer à l'horizontale comme un fil à linge. Plantez vos tomates tous les 60 cm à l'aplomb.

Ceinturez chaque pied de tomate avec une ficelle que vous fixerez au fil principal. Vos plantes vont grimper sur la ficelle avec un tel bonheur que cinq pieds de tomates pour une famille de quatre personnes seront suffisants.

Tulipe

UN BEAU BOUQUET DE TULIPES

Coupées, sachez que les tulipes n'aiment pas cohabiter avec les jonquilles. Donnez-leur 2 ou 3 glaçons par jour. Si elles piquent du nez, c'est qu'il y a de l'air dans la tige, une solution cruelle : piquez une épingle sous la fleur, l'air s'échappera. Pour qu'elles ne s'ouvrent pas trop vite, mettez quelques petits morceaux de cuivre au fond du vase.

Les différentes formes de végétations du pommier et du poirier

LE GOURMAND

Il est vertical, vigoureux. Son bois est lustré. Sa taille peut varier entre 60 cm et 2 m.

LE RAMEAU À BOIS

Il est plus fin, moins long, horizontal ou vertical et n'a pas plus d'utilité que le gourmand même s'il est moins puissant, donc supprimez-le.

LA BRINDILLE

C'est un petit rameau de 10 à 20 cm de long, terminé par un petit bourgeon très pointu. Laissez-la.

L'ŒIL À BOIS

Le bourgeon est en forme de triangle, duveteux, appliqué contre une branche. De cette pousse naîtra un œil, alors, laissez-la. Vous devrez ensuite faire attention à son évolution, qui vous permettra de déguster vos fruits.

LA BRINDILLE «DITE COURONNÉE»

C'est un petit rameau identique à celui que je vous ai décrit plus haut, mais cette fois avec un œil terminal bien gonflé. C'est un œil qui va produire une fleur...

LE BOURGEON À FLEUR

Il est gros, bien joufflu, arrondi, avec plusieurs fleurs à l'intérieur qui attendent le moment pour s'ouvrir.

LE DARD

C'est l'intermédiaire entre un œil à bois et un œil à fruit. Il se situe le long d'un rameau. Sa vocation est en attente, sera-t-il bois ou fleur ? Taillez en fonction du nombre de dards que vous observez pour équilibrer. Ce sera un petit coup de chance.

LA BOURSE

Comme son nom l'indique, c'est riche, le bourgeon est gros et bien renflé. Il a fleuri l'an passé et s'apprête à recommencer. Là encore il faut équilibrer lors de la taille et ne pas en laisser deux côte à côte, ou bien tout du même côté.

LA COURSONNE

C'est une pousse courte qui est destinée à produire des branches, des feuilles ou des fleurs. Cela va donc consister à repérer ce qui va se former. Si vous n'en n'êtes pas sûr, attendez et taillez si besoin. Cependant la coursonne est destinée à produire des yeux à fruits. Lors de leur formation ne laissez pas plus de trois yeux par coursonne.

V

Violette

UNE BELLE INDIENNE, LA VIOLETTE

C'est une petite pimbêche et une frileuse ! Alors si vous voulez éviter de voir ses fleurs tomber, laissez de l'eau se réchauffer au soleil dans une bassine et arrosez-la à l'eau tiède, elle adore...

Travaux mois par mois

Janvier

AU JARDIN

• Taillez les arbres et arbustes à floraison estivale.

• Arrosez modérément les plantes vivaces, les arbustes persistants et les conifères (si la température reste au-dessus de 10 °C).

• Plantez les rosiers ainsi que les arbres et arbustes fruitiers ou d'ornement à feuilles caduques.

• Labourez, hors gel et neige, les parterres et les surfaces destinées à la création ou à la réfection des pelouses.

• Buttez les plantes de pleine terre, les bulbes et rhizomes pour garantir leur protection.

• Drainez autour des arbres et des arbustes plantés à l'automne dernier.

AU VERGER

• Ne secouez pas les branches des arbustes, s'il neige ou s'il gèle, vous risquez de les abîmer sans vous en rendre compte.

AU POTAGER

•Semez vos laitues de printemps.

Février

AU JARDIN

• Plantez les anémones du Japon, les fougères, les cyclamens de Naples, les astilbes, à l'ombre.

• Plantez les asters, les campanules, les géraniums vivaces, les primevères, les violettes, au soleil ou à mi-ombre, dans un sol frais.

• Plantez les achillées, les iris, les œillets nains, les acanthes, en plein soleil, même dans uns sol sec.

• Plantez les rampantes le bergenia sous les arbustes, le lierre terrestre à l'ombre et en sol frais, le lamium au pied des arbres ou des arbustes, la ronce d'ornement, Betty Ashburner sur les talus, en sol frais, l'oreille d'ours, Silver Carpet dans les bordures, la tiarella dans les sous-bois, en sol frais.

AU VERGER

• Apportez de l'engrais au pied des fruitiers.

• Détruisez, par beau temps, les larves et insectes qui se trouvent dans les anfractuosités de l'écorce des fruitiers en chaulant les troncs après les avoir débarrassés des morceaux d'écorce décollés et des mousses.

• Éclaircissez les pommiers et poiriers trop touffus.

• Commencez à tailler les cassissiers, les groseilliers et autres arbres à petits fruits.

AU POTAGER

•Semez vos laitues de printemps.

Mars

AU JARDIN

• Rempotez et taillez les hibiscus de Chine.

• Taillez les rosiers buissons.

• Mettez en place la clématite et le chèvrefeuille, les rhododendrons, les magnolias et les hortensias.

• Poursuivez la plantation d'arbres et d'arbustes.

• Binez et divisez les vivaces.

• Taillez les rameaux secondaires de la glycine et de la bignone.

• Raccourcissez les rameaux des arbustes à floraison estivale.

• Installez les bulbes de lys, de renoncules et d'anémones et surveillez les tubercules des dahlias.

• Taillez les arbustes qui fleurissent en été et en automne.

• Commencez à enlever les protections contre le froid (palmiers, oliviers, lauriers), en fin de mois, en fonction de la climatologie locale.

SUR LES TERRASSES ET LES BALCONS

• Rempotez les grosses plantes, nettoyez les plantes hivernées et renouvelez les géraniums qui ont mauvaise mine.

AU VERGER

• Apportez de l'engrais au pied des fruitiers.

AU POTAGER

• Terminez le bêchage et épandez le compost.

• Commencez vos premiers semis en pleine terre (laitues à couper, laitues Reine de mai, carottes, oignons, poireaux, pois, épinards et toutes les variétés de choux à pommes). Dans le Midi, semez les céleris.

• Vérifiez l'état de votre carré de fines herbes ; remplacez les

condimentaires mises à mal par l'hiver, semez le cerfeuil et le persil.
• Plantez l'ail rose, l'échalote et les pommes de terre germées.
• Divisez vos pieds de rhubarbe.
• Semez sous serre, aubergines, céleris, poivrons et tomates si vous ne l'avez pas fait plus tôt.
• Sous châssis, semez les tomates, les courgettes, les melons, le piment, l'aneth, la ciboulette et le basilic.
• Récoltez les endives, les épinards, l'oseille et les poireaux.

À L'INTÉRIEUR
• Rempotez les plantes.

Avril

AU JARDIN
• Semez toutes les annuelles (cosmos, capucines, nigelles, œillets d'Inde, tagètes, rudbeckias, etc.).
• Plantez les dahlias, les lys, les glaïeuls et les cannas, à partir de la mi-avril.
• Plantez les arbustes achetés en conteneurs et les clématites.
• Plantez la lavande.

AU POTAGER
• Semez radis, carottes, betteraves, haricots, persil et laitues.
• Semez en pépinière, choux et poireaux.
• Semez sous serres, poivrons, piments cucurbitacées et basilic.
• Plantez les pommes de terre quand la terre est suffisamment réchauffée, c'est-à-dire quand le lilas commence à fleurir.
• Pensez à semer un engrais vert dans les parties non cultivées du potager.
• Divisez le thym, le romarin, la menthe.

SUR LES TERRASSES ET LES BALCONS
• Réservez deux bacs, l'un pour des semis d'annuelles, l'autre pour un mini jardin de condimentaires auquel vous ajouterez quelques salades, un pied de tomates et des légumes décoratifs.
• Mettez-vous à l'affût, les premiers pucerons arrivent. Repoussez-les avec du purin d'ortie.
• Programmez une visite à une foire où vous pourrez compléter votre collection de condimentaires, utiles aussi pour faire des purins.

AU VERGER
• Désherbez les groseilliers, les framboisiers et les cassissiers.

Mai

AU JARDIN
• Tondez régulièrement les gazons.
• Plantez toutes les espèces bulbeuses mises en végétation sous serre ou dans la maison.
• Sortez les géraniums dans la seconde quinzaine du mois.
• Sortez les plantes originaires des climats doux qui ont hiverné.
• Semez les dernières fleurs annuelles à croissance rapide pour une floraison estivale.
• Arrosez régulièrement toutes les plantes en fonction de leurs besoins et des conditions climatiques.
• Taillez les arbres et les arbrisseaux à fleurs juste à la fin de leur floraison.

AU POTAGER
• Semez les laitues d'été.
• Semez vos les légumes et vos fleurs quand les saints de glace (11, 12 et 13) sont passés (sauf les vivaces pour lesquelles vous attendrez juillet).
• Plantez les tomates et les courgettes après le 8 mai.
• Repiquez céleris, choux, aubergines, éclats de ciboulette et d'estragon.
• Repiquez des œillets d'Inde pour éloigner les pucerons en tête de chaque rangée de tomates.
• Buttez les pommes de terre.
• Surveillez les attaques de limaces si le temps est humide.

AU VERGER
• Traitez au verger contre les parasites et les maladies.
• Apportez du compost et de la paille entre les rangées de petits fruits rouges.
• Supprimez les rejets des framboisiers.
• Traitez avec un mélange de soufre et de décoction de prèle si une attaque d'oïdium se produit.

Juin

AU JARDIN
• Apportez un engrais spécial gazon à votre pelouse surtout si elle est ancienne.
• Coupez régulièrement les fleurs fanées.
• Arrosez, binez et paillez vos rosiers.
• Surveillez les plantes grimpantes qui commencent à se développer rapidement en cette saison.
• Tuteurez les fleurs hautes (dahlias, glaïeuls, pieds d'alouette).
• Semez les bisannuelles, les giroflées, les digitales, les pensées.
• Semez certaines vivaces : les ancolies, les roses trémières.

• Semez les dernières annuelles comme les chrysanthèmes, les capucines, les coquelicots, les ipomées, les euphorbes ou encore les soucis.

AU POTAGER

• Poursuivez vos semis échelonnés : salade, radis d'été, haricots verts…

• Semez en début de mois la betterave et l'endive.

• Semez les choux d'hiver dans la deuxième quinzaine du mois.

AU VERGER

• Arrosez les jeunes arbres plantés à l'automne ou au printemps.

• Paillez le pied des arbres et des plantes pour éviter l'évaporation.

Juillet

AU JARDIN

• Arrosez régulièrement vos plantes, de préférence en soirée.

• Supprimez les roses fanées afin de favoriser une jolie floraison.

• Commencez les boutures herbacées.

• Poursuivez les soins habituels de votre gazon : arrosages, tonte, roulage.

• Récoltez la lavande.

• Taillez les vivaces après leur floraison.

• Commencez à recueillir les graines de certaines fleurs.

•Taillez les plantes grimpantes : glycine, clématites printanières.

•Taillez le weigelia.

AU POTAGER

• Semez les chicorées et les laitues.

À L'INTÉRIEUR

• Lavez vos plantes d'intérieur ou pulvérisez leur feuillage à l'eau claire et tiède, en cas de fortes chaleurs.

Août

AU JARDIN

• Bouturez les géraniums et les hortensias.

• Rajeunissez les rosiers grimpants qui deviennent trop encombrants.

• Coupez les tiges des vivaces après leur floraison.

• Plantez les iris en bonne exposition.

AU POTAGER

• Semez les épinards à la fin du mois.

• Semez les choux de printemps en pleine terre.

• Arrachez les oignons par beau temps et semez les oignons blancs jusqu'à la fin de ce mois.

• Éliminez les coulants de fraisiers qui restent en place à la mauvaise saison.

AU VERGER

• Récoltez pommes et poires, en fonction de la précocité de vos variétés.

• Protégez les grappes de raisin des attaques des guêpes en les ensachant dans de petits sacs perforés.

SUR LES TERRASSES ET LES BALCONS

• Apportez un engrais « spécial plantes fleuries » à vos jardinières et balconnières.

Septembre

AU JARDIN

• Taillez les haies, même les haies de conifères.

• Bouturez les géraniums et les fuchsias, divisez et replantez les vivaces à massif.

• Commencez dans la seconde quinzaine du mois les plantations de conifères.

• Poursuivez la tonte de vos pelouses mais espacez les arrosages.

• Repiquez en place les fleurs vivaces semées en mai et juin.

• Arrosez abondamment vos lauriers-roses, daturas, géraniums et surfinias : leur floraison se poursuivra encore plusieurs semaines.

AU POTAGER

• Repiquez les laitues d'hiver.

• Occupez-vous des herbes aromatiques : si les plants deviennent trop envahissants ou s'ils s'épuisent, divisez le thym, la ciboulette, la sarriette, l'estragon et l'origan.

AU VERGER

• Rabattez au ras du sol les rameaux des framboisiers qui ont fructifié.

• Après la récolte, traitez les poiriers et les pommiers contre la tavelure.

À L'INTÉRIEUR

• Rentrez vos plantes d'appartement, si vous leur aviez fait prendre l'air en été, avec les premiers froids.

SUR LES TERRASSES ET LES BALCONS

• Retirez de vos jardinières les fleurs à floraison estivale défleuries.

• Remplacez-les par des bulbes précoces comme les narcisses, les tulipes et les crocus.

Octobre

AU JARDIN

• Plantez vos fritillaires impériales.

• Préparez les bulbes des crocus, des jacinthes et des narcisses à forcer.

• Enlevez les vieux bois des rosiers grimpants.

• Débutez les premiers bêchages des massifs et apportez les fumures nécessaires

• Offrez aux pelouses de la cendre riche en acide phosphorique et potasse. Aérez-les au scarificateur ou à la fourche.

• Plantez les différents bulbes de printemps.

AU VERGER

• Rangez soigneusement les derniers fruits à pépins (poires, pommes...) au fruitier.

• Enlevez les fruits momifiés, ôtez le bois mort, supprimez les branches des sujets âgés qui pendent et dégagez tout le bois mort sans laisser de chicots propices aux parasites et aux maladies mais en veillant à ne pas entamer le col de la branche.

• Traitez préventivement les arbres fruitiers à la bouillie bordelaise dès la fin de la chute des feuilles.

AU POTAGER

• Songez à repiquer les oignons blancs.

• Plantez les gousses d'ail.

Novembre

AU JARDIN

• Mettez en place les bulbes de tulipes.

AU POTAGER

• Bêchez les planches vides de toute culture.

• Poursuivez les bêchages et les fumures.

• Plantez l'échalote grise et l'ail blanc.

• Commencez la récolte des choux de Bruxelles, aux premières gelées.

• Protégez les artichauts du froid en entourant les pieds avec un bon tas de feuilles mortes.

• Préparez un nouveau compost.

AU VERGER

• Taillez les poiriers

• Commencez, la plantation des arbres fruitiers.

Décembre

AU JARDIN

• Vérifiez l'état de tous vos outils de jardinage. Faites vérifier votre gros matériel : tondeuse, motoculteur, débroussailleuse...

• Brassez régulièrement votre compost et protégez-le à l'aide d'une bâche.

• Protégez les plantes les plus fragiles surtout si la météo annonce une vague de froid.

AU VERGER

• Poursuivez la mise en place de vos arbres et arbustes.

• Rabattez les cassissiers et les framboisiers s'il ne gèle pas.

SOUS LA SERRE

• Pensez à chauffez votre serre si le mercure du thermomètre à tendance à descendre un peu trop.

À L'INTÉRIEUR

• Modérez l'arrosage de vos plantes d'intérieur mais conservez l'humidité maximale dont elles ont besoin.

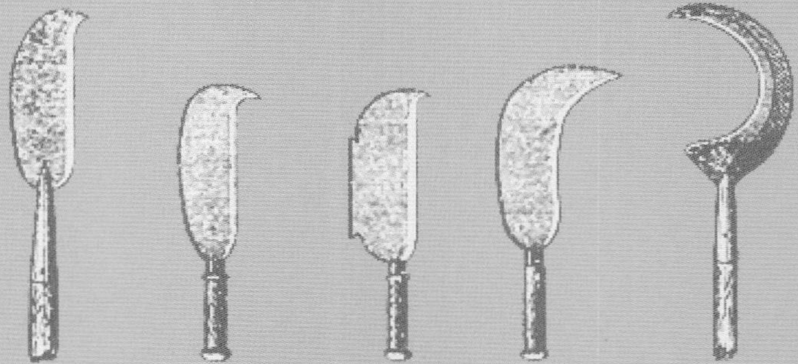

Vocabulaire du jardinier

A

ACIDOPHILE : préférence pour les terres acides. C'est le cas des rhododendrons, des azalées et plus généralement des plantes de terre de bruyère.

ALTERNE : Quand les feuilles sont disposées de façon isolée sur la tige

AMENDEMENT : ajout au sol arable pour en modifier essentiellement la texture physique comme le sable pour diminuer la compacité des terres argileuses ou l'argile pour rendre plus compactes des terres trop légères ou encore de la chaux ou du plâtre pour apporter du calcium.

ANNUELLE : plante qui dans la même année, germe, fleurit, porte graines et meurt.

AOÛTÉ : état d'un rameau au bois bien constitué, durci avant l'hiver car c'est généralement en août que le bois achève de se former.

ARBRE : plante constituée d'un tronc sur lequel sont fixées des branches.

ARBRISSEAU : végétal ligneux ramifié dès la base. Aucune ramification n'est prépondérante. Certaines ont l'aspect de petits troncs. Culmine à 6 m.

ARBUSTE : végétal ligneux ramifié dès la base. Pas d'aspect de tronc. Nombreuses tiges ligneuses partant d'une souche, le pied. De 0,50 m à 4 m de hauteur.

ASSOLEMENT : rotation des cultures. Pour ne pas épuiser les sols on ne plante pas consécutivement les mêmes plantes dans les mêmes parcelles.

AUTO FERTILITÉ : production de bonnes graines par auto fertilisation.

AZOTE : constituant majeur des sols fertilisants.son symbole chimique est le N (du latin *nitrogenium*). Il favorise la croissance et le développement des tiges et des feuilles sous sa forme nitrique dans les engrais.

B

BASSINER : arroser en pluie fine.

BÉQUILLER : biner la surface du sol pour briser la croûte consécutive aux arrosages.

BINAGE : travail de la surface du sol de 6 à 8cm de profondeur avec une binette afin de favoriser la pénétration de l'air et de l'eau et de détruire les mauvaises herbes.

BISANNUELLE : plante qui vit deux ans de la floraison à la fructification avec une seule floraison, telle la digitale.

BOURGEON À BOIS : fin et pointu, il donne naissance à des feuilles.

BOUTURE : tige, feuille, racine que l'on prend sur une plante et que l'on enracine pour obtenir une nouvelle plante.

BRACTÉE : feuille colorée et spectaculaire à ne pas confondre avec les pétales. On les trouve sur les plantes aux floraisons à peine visibles comme les poinsettias ou les bougainvilliers.

BUTTER : amonceler la terre autour d'une plante.

C

CADUC : se dit des parties végétales qui tombent après avoir remplies leur fonction.

CALCICOLE : les plantes qui apprécient les sols calcaires.

CALICE : enveloppe extérieure de la fleur, en général de couleur verte.

CÉPÉE : taille d'un arbre au ras du sol afin que beaucoup de branches repoussent.

CHLOROSE : maladie qui par déficience de chlorophylle rend les végétaux jaunâtres ou blanchâtres.

CLONE : ensemble d'individus obtenus par multiplication végétative de plantes sélectionnées et donc pourvues d'un patrimoine génétique homogène.

COLLET : zone qui se situe entre les racines et le début du petit tronc.

COMPOST : mélange de terre et d'engrais préparé pour une culture spécifique. De même, on appelle ainsi le terreau obtenu par la fermentation et l'humidification du mélange de détritus divers mis dans le pourrissoir.

CULTIVAR : plante obtenue par sélection dans les plantes cultivées soit par semis soit en faisant des clones. On parle de variétés en langage habituel.

D

DÉCHAUSSER : c'est retirer la terre amoncelée à la base d'une plante

DRAGEON : tige issue d'un œil situé sur une racine. Séparé du pied mère, il se comporte comme une plante autonome

DRUPE : fruit charnu dont la graine est dans une coque comme la pèche, la cerise, la prune, l'amande.

E

ÉBARBAGE : suppression des rejets.

ÉBOUTONNER : supprimer un trop plein de boutons à fleurs.

ÉCIMAGE : raccourcissement de l'extrémité d'un rameau.

ÉCUSSON : œil détaché d'un rameau avec un peu d'écorce pour le greffer.

ÉLAGUER : couper les branches d'un arbre pour lui donner la forme voulue.

ÉMONDER : couper les branches inutiles pour favoriser la bonne croissance d'un arbre.

EMPOTER : mettre une plante en pot.

F

FRANC : scion obtenu par un semi et destiné à la greffe.

FRONDAISON : l'ensemble du feuillage d'un arbre.

G

GOURMAND : pousse extrêmement vigoureuse qui se développe au détriment des autres.

GREFFE : partie d'un végétal, greffon ou épibiote qu'on implante sur un porte-greffe ou un sujet pour reproduire l'espèce ou le cultivar.

GREFFON : fragment de plante destiné à être greffé.

H

HABILLAGE : couper les extrémités des racines et des rameaux ou des feuilles des plantes qu'on veut replanter.

HÉLIOPHILE : aime l'ensoleillement.

HUMUS : mélange résultant de la transformation de la litière végétale par l'action des bactéries et des champignons.

HYBRIDE : croisement d'espèces de même genre ou de genre différent. Le nom botanique contient toujours un x entre deux dénominations comme par exemple : Astilbe x arendsii ou Canna x hybrida.

L

LIGNEUX : partie végétale qui a la consistance du bois.

M

MARCOTTE : branche tenant à une plante, couchée ou enfouie dans la terre ou enfermée dans un cornet garni de terre ou encore entre les deux moitiés d'un pot fendu afin qu'elle produise des racines.

MELLIFÈRE : se dit des plantes fréquentées par les abeilles.

MILDIOU : maladie (surtout de la vigne, de la pomme de terre,...) qui provoque l'altération des feuilles ou des fruits.

MULCH : mot d'origine anglaise qui désigne les déchets de tonte du gazon.

N

NŒUD : point d'insertion d'une feuille sur une tige. Souvent il y a un renflement.

O

OMBELLE : disposition d'une fleur en parasol.

P

PALISSAGE : fixation sur les murs ou sur tout autre appui des branches d'un arbre pour lui faire prendre une forme déterminée.

PÉTIOLE : support sur lequel la fleur tient à la tige. On dit aussi queue.

PLOMBER : tasser la terre avec un rouleau pour la rendre plus consistante.

POQUET : poche ou trou dans le sol pour y déposer des graines ou des tubercules. On plante ou on sème en poquet.

PORTE-GREFFE : plante qui reçoit une greffe . On parle aussi de sujet ou d'hypobiote.

PORTE-GREFFE : plante qui reçoit le greffon.

PRALINER : enrober des graines ou des racines.

PRISE : soudure définitive de la greffe.

R

RABATTRE : supprimer les branches ou les gros rameaux d'un arbre ou d'une plante pour permettre le développement de jeunes pousses.

RECHAUSSER : remettre de la terre au pied d'une plante.

REJETON : pousse issue des racines au pied d'une plante.

REMONTANT : fleurit de nouveau après la saison comme les rosiers et les œillets.

RHIZOME : tige souterraine ou à ras de terre qui ressemble à une racine. Elle s'étend à l'horizontale comme pour l'iris, souterrainement (liseron), verticalement ou en oblique (fraisier).

S

SCION : plante greffée d'un an qui sera soumise à une forme fruitière.

SEVRER : couper et séparer de la plante mère les marcottes lorsqu'elles ont pris racine.

SOUDURE : fusion des deux parties entre greffon et porte-greffe.

T

TRANSPLANTER : déplacer un végétal d'un point à un autre ou mettre en terre une plante cultivée en godet ou en pot.

TURION : pousse souterraine naissant de la souche dans les plantes dont les tiges meurent chaque année.

V

VIVACE : opposée à annuelle ou bisannuelle. C'est une plante qui vit plusieurs années.

VOLUBILE : une plante ou une tige qui s'enroule sur un support comme le volubilis.

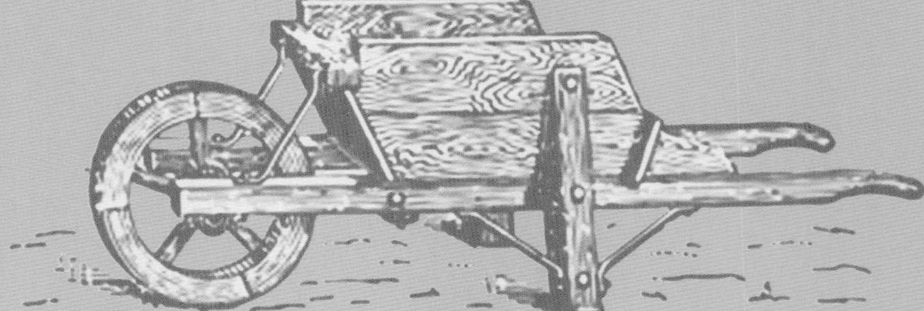

Index des végétaux cités

Index des insectes et animaux cités

Index des techniques, savoir-faire

Notes

Notes

Plan de mon potager

Plan de mon verger

Éditrice : Emmanuelle Delavalle

Éditions Sutton
6, place Jean Jaurès
37000 Tours

Première édition 1er trimestre 2021

Les Éditions Sutton bénéficient du soutien de Ciclic - Région Centre-Val de Loire
dans le cadre de l'aide aux entreprises d'édition imprimée ou numérique.

ISBN 978-2-8138-1366-4

Dépôt légal : 1er trimestre 2021
Imprimé en UE par Printcorp - N° 20120460